Blasius Merrem

Vermischte Abhandlungen aus der Tiergeschichte

Blasius Merrem

Vermischte Abhandlungen aus der Tiergeschichte

ISBN/EAN: 9783337258948

Hergestellt in Europa, USA, Kanada, Australien, Japan

Cover: Foto ©berggeist007 / pixelio.de

Weitere Bücher finden Sie auf **www.hansebooks.com**

Vermischte

Abhandlungen

aus der

Thiergeschichte

von

Blasius Merrem.

IDEM NON SEMPER IDEM

Mit Kupfern.

Göttingen,
im Verlag bey Victorinus Boßiegel 1781.

Sr. Wohlgebohrn

dem

Herrn

Petrus Camper

der Weltweisheit und Arzneykunde Doctor,
der Arzneykunde, Anatomie und Chirurgie Professor honorarius zu Amsterdam,
der königlichen Gesellschaften zu London, Edimburg und Göttingen,
der königl. chirurgischen Academie und königl. medicinischen Gesellschaft zu Paris,
und der königl. Gesellschaft der Wissenschaften zu Toulouse Mitgliede,
der königl. Gesellschaft der Wissenschaften zu Paris Correspondenten,
der kaiserlichen Academie zu Petersburg,
der Gesellschaft Naturforschender Freunde zu Berlin,
und der Holländischen Academie der Wissenschaften zu Harlem, Rotterdam und
Vlißingen Mitgliede,
der ökonomischen Gesellschaft und Mahler-Academie zu Amsterdam Ehrenmit-
gliede ꝛc, ꝛc,

Wohlgebohrner Herr!
Verehrungswürdiger Herr Professor!

Zwar unterstehe ich mich zu viel, wenn ich es wage dem
größten Zergliederer unsrer Zeit und einem der berühm-
testen Zoologen meinen ersten Versuch zuzueignen: Aber
es war von jeher den größten Gelehrten eigen, die Arbeiten eines Anfängers mit Nachsicht aufzunehmen und zu be-
urtheilen, und eben diese schmeichle ich mich von Ew. Wohlgebohrn erwarten zu dürfen.

Bey der ausgebreiteten vielumfassenden Kenntniß
aber, die Ew. Wohlgeb. in demjenigen Fache der Wissenschaften besitzen, das der Gegenstand dieser Arbeiten gewesen ist, muß ich um so viel mehr scheun, Ihr Urtheil,
als das eines aufgeforderten Richters zu erwarten, weil ich
von meinen geringen Kräften und wenigen Kenntnissen überzeugt bin: Aber zugleich bin ich überzeugt, daß Ihr Ta-
del gütig, und mir Lehre seyn wird. Sollten inzwischen
diese wenige Bogen Ew. Wohlgeb. Spuhren zeigen, daß
ich

ich vielleicht einst in der Zukunft zu beſſern Arbeiten werde fähig werden können, wenn mehrere Erfahrungen meinen Beobachtungsgeiſt verfeinert, und Lecture und Betrachtung der Natur meine Kenntniſſe vermehrt haben werden; ſollten Sie mich nicht für völlig unfähig halten, tiefer in die Geheimniſſe der Natur einzudringen, ſondern mich einer Ermunterung würdigen, ihnen ferner nachzuſpähn, ſo wird mir Ihr Urtheil der angenehmſte Reitz zu neuen Eifer und Fleiß in meinen Arbeiten ſeyn.

Ich habe die Ehre mit der gröſten Hochachtung und Verehrung Ihrer Verdienſte zu verharren

Wohlgebohrner Herr!
Verehrungswürdiger Herr Profeſſor!
Ew. Wohlgebohrn

ganz gehorſamſter Diener
B. Merrem.

Vorrede.

Die Naturgeschichte ist zwar eine Wissenschaft, die eine grosse Belesenheit in ihren besten Schriftstellern, den vornehmsten Reisebeschreibungen, den grösten Anatomen und Physiologen erfordert, und Erfahrung und zum Sehn geübte Augen heischt, und also um so viel weniger die Feder eines jungen Schriftstellers beschäftigen sollte; meine Arbeit wird sich daher wohl wenig Nachsicht versprechen dürfen. Da aber meine einzige Absicht ist, mir das Urtheil des Publikums zu erbitten, ob ich fortfahren solle — nicht zu schreiben — sondern zu beobachten und zu sammlen; da ich es nie würde gewagt haben, meine Arbeiten der Presse zu übergeben, wann nicht die Ermunterungen meines verehrungswürdigen Lehrers, des Herrn Professors Blumenbach, mich so dreist gemacht hätten, so werde ich in dieser Rücksicht doch Entschuldigung erwarten können?

Ich muß noch etwas in Ansehung der Bestimmung der Kennzeichen der Nager und der Adler und Falken hinzufügen. Beym Gebrauch der besten Systematiker, und selbst des grossen Linné, war es mir immer anstößig so häufig von den Farben und der Zeichnung der Thiere hergenommene Kennzeichen anzutreffen. Bey einem nur kurze Zeit fortgesetzten Gebrauch derselben wird man bald ihre Unzulänglichkeit finden. Wie viele Arten der Raubvögel hat man daher aus einer einzigen Gattung z. B. dem Thurmfalken, dem edlen Falken, dem Habichte u. s. w. gemacht, bloß weil das eine Exemplar etwas anders gezeichnet war, wie das andre. Die Kakerlaken sind ja bey solchen Kennzeichen Thiere ganz andrer Art: Der weisse Stieglitz ist nicht Fringilla (Carduelis) remigibus antrorsum luteis, extima immaculata &c., und dennoch wird niemand leuchnen, daß dieser weisse Stieglitz die Fringilla Carduelis sey. Es muß also doch ein Merkmahl geben, woran man erkennt, daß der weisse und der gemeine

Stieglitz

Stieglitz Thiere Einer Art sind.   Diese Merkmahle können aber unmöglich in der Farbe, sondern müssen im Körperbau gesucht werden.   Dieses bewog mich zu versuchen, ob es nicht möglich sey, die Thiere nach Unterscheidungszeichen zu ordnen, die bloß von ihrem Körperbau hergenommen sind.   Linne' selbst hat eine Menge Kennzeichen, fast in allen Classen, von dem Körperbau hergenommen, aber eben so oft hat ihm die Farbe zu Merkmahlen gedienet.   Ich habe daher bey den Nagern und den Adlern und Falken die Möglichkeit einer solchen Bestimmung zeigen wollen.   Sollten manche Kennzeichen, besonders bey den letztern, unrichtig seyn, so wird man mir um so viel eher verzeihen können, da ich noch nicht Gelegenheit gehabt habe, viele dieser Thiere zu sehen, da noch wenige Raubvögel richtig und hinreichend beschrieben sind, und mich oft Zeichnungen leiten musten, bey denen doch die Einbildungskraft des Mahlers, oder sein blödes Auge gewöhnlich viel zu verändern pflegt.

Ver=

Verfuch einer neuen Bestimmung der Geschlechter und Arten der N a g e r. (Glires.)

Die Ordnung der Nager ist eine der weitläuftigsten in der ganzen Klasse der Säugthiere. Die Menge, die Kleinheit, und der geringe Nußen, den wir von den mehrsten dieser Thiere haben, macht, daß die gröste Anzahl derselben noch nicht deutlich genug bekannt ist. Manche, und selbst viele der kleinsten unter ihnen fügen uns zwar beträchtlichen Schaden zu, theils durch ihre Wandrungen, die häufiger von diesen, als andern Säugthieren unternommen werden, theils durch ihre Gefräßigkeit, theils und am mehresten durch ihre ausserordentliche Fruchtbarkeit; denn nach dem Geschlechte der Schweine vermehren sie sich am stärksten. Ihre unbeträchtliche Grösse, und ihre geringe Seltenheit ist aber ohne Zweifel Schuld daran, daß sie noch weit weniger untersucht,

sucht, und ihre Arten noch nicht mit der Genauigkeit bestimmt sind,
wie irgend einer andern Ordnung von Thieren. Wie wenig sie noch
bisher aufgesucht sind, sieht man aus dem vortreflichen Werke des
Herrn Pallas (Novæ species Quadrupedum e Glirium Ordine) der in
Sibirien allein eine so grosse Menge neuer Arten entdeckte; und ich
bin gewiß, daß es in allen Ländern von Asien, Afrika und Amerika
noch eine eben so grosse Anzahl unentdeckter geben werde.

Aber ohne auf die grosse Menge derjenigen zu sehn, die in frem=
den Ländern, vielleicht in Europa selbst, noch unentdeckt sich aufhal=
ten und unbekannt sind, wie die Rüsselmaus des Herrn Schrebers
beweist, so sind selbst die bekanntesten, die häufigsten unter ihnen,
größtentheils noch so wenig untersucht, noch so unzureichend beschrie=
ben, daß es Mühe kostet, hinlängliche Kennzeichen von ihnen anzu=
geben, um sie von einander zu unterscheiden, und ohne den Bemü=
hungen eines d'Aubenton und Pallas wäre es völlig unmög=
lich. Die Kennzeichen eines Linne', Pennant, Ray sind so
schwankend bey dieser Ordnung, so vortreflich und deutlich sie bey
den andern sind. Die vielen Verschiedenheiten oder Spielarten ein=
zelner Gattungen dieser Ordnung machen überdem alle Kennzeichen,
die von der Farbe hergenommen sind, unbrauchbar.

Die Menge der Mäusegattungen macht ausserdem noch die
Kennzeichen in diesem Geschlechte unbestimmt und gedehnt. Herr
Pallas hat zwar dieser Unbequemlichkeit dadurch vorzubauen ge=
sucht, daß er dieses Geschlecht in sechs Abtheilungen zerlegt hat, aber
dieses scheint noch nicht hinlänglich zu seyn, und manche Abtheilun=
gen sind in ihren Kennzeichen auch wirklich so verschieden, daß sie
eigne Geschlechter auszumachen verdienen. Verschiedene neuere Na=
turforscher, ein Pennant, Schreber, Erxleben, Blu=
menbach, und Leske haben auch schon mit dem besten Erfolge
dieses weitläuftige Geschlecht getrennt, und Pallas selbst hat die
Savien schon längst von dem Geschlechte der Mäuse abgesondert.
Ich

Ich sehe daher den Grund nicht ein, warum er dieses nicht auch bey mehrern seiner Abtheilungen gethan hat, die doch mit demselben Rechte eigne Geschlechter auszumachen verdienten. Ich habe dieses in dem Folgenden zu thun mich bemüht, und bin dabey gröstentheils den Abtheilungen dieses grossen Naturforschers gefolgt: zugleich habe ich gesucht die Kennzeichen der Arten, nach dem Verhältnisse und der Bildung der Theile des Körpers zu bestimmen, und diejenigen Thiere bloß als Verschiedenheiten angesehn, die nur in der Farbe von einander abweichen.

Allgemeine Kennzeichen der Nager.

Leporinum Genus. R A I *syn. p. 204.*
Glires. L I N N. *syst. nat. I. p.24.& 76.*

Quadrupeda dentibus incisoribus in utraque maxilla duobus, & digitis unguiculatis donata. B r i s s. *regn. an. p. 124.*

Schneidezähne, lang, scharf, keilförmig oder zugespitzt, und gewöhnlich vorne gelb von Farbe. Sie haben ausserordentlich lange Wurzeln, die aber nicht getheilt, sondern nur eine Fortsetzung des Zahns sind. Diese erstrecken sich sehr weit in die beyden Kinnladen hinein (Taf. 1. Fig. 1. und 2.) und geben dadurch den Zähnen diejenige Stärke, mit der diese kleinen Thiere oft die härtesten Sachen zerfressen. Die untern Zähne sind länger wie die obern. Gewöhnlich sind oben und unten nur zwey Schneidezähne, bey zwey Geschlechtern aber sind die Zähne der obern Kinnlade verdoppelt, und bey Einer Gattung befinden sich unten vier Schneidezähne in Einer Reihe. Weil die obere Leffe bey ihnen durch einen Hasenschart getrennt, und die untere sehr kurz ist, so sind die Schneidezähne entweder gar nicht, oder doch nur zum Theil bedeckt. A 2 . Eckzähne

Eckzähne fehlen gänzlich, und daher ist eine grosse Lücke zwischen den, Schneidezähnen und Backenzähnen.

Backenzähne sind stumpf, und lange so stark nicht, in Vergleichung, wie die Schneidezähne. Ihre Zahl ist wenigstens drey, und höchstens sechs. Bey den mehrsten ist die Zahl oben und unten gleich, bey einigen Geschlechtern ist aber oben einer mehr wie unten.

Füsse gefingert, und mit kurzen Krallen versehn. Sie haben drey bis fünf Zähen. Sie gehn grösstentheils auf dem ganzen Hinterfusse, und hüpfen daher.

Waffen fehlen ihnen gänzlich; sie sind daher furchtsame Geschöpfchen, die sich bloß durch ihre Geschwindigkeit retten können, ausser dem Stachelschweine, dem seine Stacheln zur Schuzwehr dienen.

Zizen besinden sich bey den mehrsten an der Brust und dem Bauche zugleich, bey einigen aber auch an der Brust, oder dem Bauche allein.

Magen ist ausserordentlich groß und dünne. Die Gedärme sind eng und sehr lang. Der Blinddarm ist sehr groß und weit. Eine Gallenblase haben die mehrsten.

Zeugungsglieder. Bey den mehrsten liegen die Hoden im Leibe, und treten nur zur Brunstzeit heraus; bey denen aber, wo sie ausser dem Leibe liegen, ist der Hodensack so stark angezogen, daß man ihn kaum bemerkt. Die Saamenbläschen sind grösser wie bey allen andern Säugthieren. Die Ruthe ist groß, und mit einem Knochen versehn. Die Weibchen haben einen sehr langen Kitzler, und sind daher schwer von den Männchen zu unterscheiden. Gleich am Ende der Scheide theilt sich die Mutter in zwey lange Hörner. Sie sind geile und ausserordentlich fruchtbare Thiere. Sie werfen gewöhnlich mehr als einmal im Jahr, und viele Jungen zur Zeit, die mit ofnen Augen zur Welt kommen.

Nahrung:

Nahrung: Früchte, Korn, Kräuter, Wurzeln, Baumrinden: ei=
nige freſſen auch wohl Fleiſch und Eyer; ſie ſind aber zum
Raube ungeſchickt.   Sie ſind ſehr gefräßig, und viele ſam=
meln einen Vorrath auf den Winter.   Die mehrſten verzeh=
ren ihre Speiſe, indem ſie auf den Hinterpfoten ſitzen.

Aufenthalt : Alle Gegenden ſind mit dieſen Thieren verſehn. Die
mehrſten leben auf dem Trocknen, einige beſuchen aber auch
die Flüſſe, Bäche und Seen.   Die mehrſten bauen ſich Ne=
ſter, oder graben ſich Höhlen, und haben ein beſtimmtes Lager.

Anmerkung. Sie ſind ſehr klein, und begreifen überhaupt die kleinſten Thiere
unter ſich. — Alle, auſſer Einem Geſchlechte, ſind mit Schlüſſelbei=
nen verſehn, — Die mehrſten halten einen Winterſchlaf.

Geſchlechter der Nager.

I.
Stachelſchwein.

Hyſtrix. L I N N. *ſyſt. nat. ed. 12. I. p. 76.*
        B R I S S. *regn. an. p. 125.*
        S C O P. *intr. p. 496.*
        E R X L E B. *regn. an. p. 340.*
Porcupine. P E N N. *ſyn. p. 261.*
Stachelthier S c h r e b. Säugth. S. 599.

Zähne. Schneidezähne oben und unten zwey, ſchief abgeſchnitten.
       Backenzähne oben und unten vier, cylindriſch.

Füſſe. Vorderfüſſe, vierfingrig, bey einer Art fünffingrig.
       Hinterfüſſe, fünffingrig, bey einer Art vierfingrig.

Kopf,

Kopf lang, vorn abgeſtumpft. Ohren klein und rund.
Schwanz von verſchiedner Länge.

Bedeckung. Der Rücken iſt mit Stacheln und Haaren, der Bauch
mit Haaren allein bedeckt.

Aufenthalt: das ſüdliche Aſien, Afrika und Amerika.

Nahrung, Früchte und Wurzeln, auch wohl kleine Vögel.

Lebensart. Die mehrſten klettern auf die Bäume, und bauen ſich
Neſter. Sie ſind die langſamſten unter den Nagern. Ihre
Stimme iſt grunzend. Sie rollen ſich, wenn ſie angegrif=
fen werden, in eine Kugel zuſammen, und ſind ſo gegen
alle Anfälle ſicher, daß ſie aber, wie man gewöhnlich be=
hauptet hat, ihre Stacheln von ſich ſchieſſen können, iſt falſch.
Sie gehn, wo nicht alle, doch wenigſtens die mehrſten, des
Nachts ihren Geſchäften nach, und ſchlafen am Tage.

Anmerkung. Die Zunge iſt höckrig, die Ruthe iſt an der Spitze mit einem
Knollen verſehn. Man findet häufig bey ihnen einen Stein in der Gal=
lenblaſe.

II.
Bieber.

Caſtor. LINN. ſyſt. nat. I. p.78.
　　　BRISS. regn. an. p.133.
　　　SCOP. introd. p.491.
　　　ERXL. regn. an. p.440.
　　Beaver. PENN. ſyu. p.255.
Der Bieber. Schreb. Säugth. S. 622.

Zähne. Schneidezähne; oben zwey abgeſtumpft, vorne mit einer
Furche ausgehöhlt,
unten zwey, ſchief abgeſchnitten.
Backenzähne oben und unten vier.

Füſſe.

Füsse. Vorderfüsse fünffingrig, mit starken stumpfen Nägeln.

Hinterfüsse sehr groß, mit spitzen Nägeln.

Kopf klein, dick, vorn stumpf. Ohren kurz und rund.

Schwanz plattgedrückt und schuppig, am Leibe rund und haarig.

Bedeckung, weiches, langes, seidenartiges Haar.

Zitzen vier an der Brust.

Auffenthalt: die nördlichen Gegenden der Welt an den Flüssen.

Nahrung: Baumrinde, nur aus Hunger Fische.

Lebensart gesellschaftlich. Sie bauen sich Wohnungen.

III.
Hase.

Lepus. LINN. *syst. nat. I. p.* 77.
BRISS. *regn. an. p.* 137.
SCOP. *intr. p. 496.*
ERXL. *regn. an. p. 325.*
Lepores auriti & caudati. PALL. *Glir. p. 39.*
Hare. PENN. *syn. p. 238.*

Zähne. Schneidezähne oben zwey, mit einem kleinern Zahn hinter jeden der grössern.

unten zwey, einfache, scharfe.

Backenzähne oben sechs, unten fünf.

Füsse. Vorderfüsse fünffingrig.

Hinterfüsse vierfingrig, lang, beyde unten haarig.

Kopf rund. Ohren groß und lang.

Bedeckung ziemlich langes, weiches Haar.

Zitzen an der Brust und dem Bauche.

Schwanz

Schwanz kurz und haarig.

Aufenthalt: fast die ganze Welt.

Nahrung: Kohlarten und junges Laub.

Lebensart: Sie gehn des Nachts aus ihrem Lager hervor. Nur Eine Art gräbt sich Höhlen. Sie werfen oftmals im Jahre zwey bis acht Jungen. Die Schlüsselbeine sind unvollkommen.

IIII.

Graber.

Lepores reptabundi, ecaudati. PALL. *Glir. p. 30.*

Zähne. Schneidezähne oben zwey, mit einer tiefen Furche und einem kleinern Zahn hinter jeden der grössern.
unten zwey, einfach, lang, schief abgeschnitten.
Backenzähne oben sechs, unten fünf.

Füsse. Vorderfüsse fünffingrig.
Hinterfüsse vierfingrig und kurz, beyde unten haarig.

Kopf klein, gegen die Schnautze etwas zugespitzt. Ohren mittelmäßig, rund.

Bedeckung, kurzes, weiches Haar.

Zitzen an der Brust und dem Bauche.

Schwanz fehlt gänzlich.

Aufenthalt: Sibirien.

Nahrung: Kräuter.

Lebensart: einsam. Sie graben sich Höhlen, und gehn des Nachts heraus; sie sind sehr fruchtbar. Ihre Schlüsselbeine sind vollkommen.

Anmer-

Anmerckung. Diese von Herrn Pallas neu entdeckten Nager scheinen allerdings ein eignes Geschlecht auszumachen, das mit Recht in der Mitte zwischen den Hasen und Ferkeln steht, mit denen sie in vielen Stücken überein kommen, und von beyden characteristische Kennzeichen an sich haben die nicht leyden, sie zu einem von beyden besonders zu zählen. Die Zähne, die Zahl der Finger, und die untenbehaarten Füsse machen sie den Hasen ähnlich, hingegen gleichen sie in Ansehung ihres äussern Ansehns, der Zahl der Rippen, dem fehlenden Schwanze, ihrer Wohnung in Höhlen, ihrer Bedeckung und Ohren dem Geschlechte der Ferckel: von beyden aber weichen sie in der Gestalt der Zähne, den vollkommnen Schlüsselbeinen, den Hinterbeinen, und der Gestalt der Kopfes ab. Dieses hat mich bewogen ein eignes Geschlecht daraus zu machen, dem ich den Nahmen Gräber von der Lebensart dieser Thiere gegeben habe.

V.
Ferkel.

Cavia. KLEIN. *quadr. p. 49.*
PALLAS. *spic. fasc. 2. p. 16.*
LINN. *syst. nat. III. App. p. 223.*
ERXL. *regn. an. p. 348.*
Cavy. PENN. *syn. p. 243.*
Die Savia Schreb. Säugth. S. 608.
Cuniculus. BRISS. *regn. an. p. 142.*
Hydrochærus. BRISS. *regn. an. p. 116.*

Zähne. Vorderzähne oben zwey, etwas krumgebogen, keilförmig, unten zwey, bey einer Art vier, breit.
Backenzähne oben und unten vier.

Füsse. Vorderfüsse vierfingrig, mit einem unvollkommnen Daumen. Hinterfüsse dreyfingrig. Die Füsse sind sehr kurz.

Kopf kurz, dick, abgestumpft. Ohren ründlich, ziemlich weit, und nackt.

Bedeckung: kurzes, weiches, glattes Haar.

B

Zitzen

Zitzen am Bauche.

Schwanz fehlet gänzlich, oder ist doch sehr kurz und fast kahl.

Aufenthalt: Südamerika und das Vorgebürge der guten Hofnung.

Nahrung: saftige und weiche Kräuter.

Lebensart: Sie wohnen unter Bäumen oder in Höhlen unter der Erde, sie gehn langsam, und mehr kriechend. Sie werfen viele Jungen.

Anmerckung. Ihnen fehlen die Schlüsselbeine. Nach dem Pallas haben sie eine grosse Aehnlichkeit mit den Stachelschweinen, ihre Bedeckung ausgenommen. Von ihrer Stimme habe ich ihnen den Nahmen Serkel gegeben, statt des fremden Savia, oder wie es gewöhnlich geschrieben wird Cavia.

VI.

Kleinauge.

Spalax. Erxl. regn. an. p. 377.
Mures subterranei. Pall. Glir. p. 76.

Zähne. Schneidezähne, oben und unten zwey, breit, bloß, keilförmig.

Backenzähne oben und unten drey.

Füsse fünffingrig und sehr kurz.

Kopf groß, vorn spitz, hinten breit. Ohren sind entweder gar nicht vorhanden, oder sie sind doch sehr klein.

Bedeckung: dickes, weiches Haar.

Zitzen ohne Zweifel bey allen an der Brust und dem Bauche.

Schwanz sehr kurz oder gar keiner.

Auffent=

Auffenthalt: Sibirien, eine Art am Vorgebirge der guten Hoff=
nung, und eine andre im südlichen Amerika.

Nahrung: Wurzeln.

Lebensart: Sie graben sich lange Gänge unter der Erde.

Anmerckung. Den Nahmen Kleinauge habe ich diesem Geschlechte statt des
russischen Slepez gegeben, welches einen Blinden bezeichnet.

VII.

Zeist.

Mures cunicularii. PALL. *Glir. p.* 77.
Haarschwänzige Mäuse. Schreb. Säugth. S. 667.
Linné, Brisson, Pennant, Erxleben rechnen sie zu dem
folgenden Geschlechte.

Zähne. Schneidezähne, oben zwey, klein, gelb, mit einer Fur=
che an der Spitze.

unten zwey, mit einer breiten Schneide.

Backenzähne oben und unten drey

Füsse. Vorderfüsse vierfingrig mit einem Daumnagel.

Hinterfüsse fünffingrig.

Kopf groß und dick, die Nase abgerundet, die Ohren klein und rund.

Schwanz kurz, rund, geringelt, mit kurzen Haaren dicht bedeckt.

Bedeckur: weiches und kurzes Haar.

Zitzen: der Brust und dem Bauche.

Aufenthalt: die gemässigten Gegenden der Erde.

Nahrung: Kräuter, Insekten.

B 2

Lebens=

Lebensart: einsam. Sie halten keinen Winterschlaf, sondern graben sich kleine Höhlen, in denen sie Vorrath auf den Winter sammlen. Sie sind sehr fruchtbar.

Anmerckung. Sie unterscheiden sich von den Mäusen hinlänglich dadurch, daß
ihre Zähne kleiner, die untern Schneidezähne breit und scharf, ihr
Kopf dicker und abgestumpft, ihre Ohren klein, und fast ganz unter
den Haaren versteckt, ihr Schwanz kurz und stärcker behaart, und ihre
Füsse kürzer sind, wie bey den Mäusen.

VIII.
Maus.

Mus. LINN. syst. nat. I. p. 79.
BRISS. regn. an. p. 167.
SCOP. intr. p. 497.
ERXL. regn. an. p. 381.
Rat. PENN. syn. p. 299.
Mures myosuri. PALL. Glir. p. 91.
Die Maus Schreb. Säugth. S. 635. Rattenschwänzige
S. 642.

Zähne. Schneidezähne oben zwey, klein, orangenfarben, keilförmig, scharf.
unten zwey, lang, gelb, zugespitzt.
Backenzähne oben und unten drey, eckig rund.

Füsse. Vorderfüsse vierfingrig.
Hinterfüsse fünffingrig. Die Füsse sind nackt.

Bedeckung: kurzes, weiches Haar.

Kopf groß, lang, fast dreyeckt, vorn zugespitzt. Ohren groß, rund, fast nackt

Zitzen an der Brust und dem Bauche.

Schwanz lang, rund, geringelt, fast nackt

Auffenthalt

Aufenthalt: Man findet sie überall, nur nicht im äussersten Norden.

Nahrung: Früchte, Korn, auch wohl Fleisch.

Lebensart: Sie gehn gröstentheils ihren Geschäften des Nachts nach, machen sich Nester, scheuen das Wasser. Einige halten einen Winterschlaf.

IX.

Springer.

Jerboa. PENN. *syn. p. 295.*
Jaculus. ERXLEB. *regn. an. p. 404.*

Linne' zählt sie zu den Mäusen, Pallas zu den Ratzen.

Zähne. Schneidezähne oben zwey, abgestumpft.
unten zwey, lang, zugespitzt.
Backenzähne oben vier, unten drey.

Füsse. Vorderfüsse sehr kurz, die Anzahl der Zähen unbestimmt.
Hinterfüsse sehr lang, die Anzahl der Zähen unbestimmt.

Kopf lang, zugespitzt. Ohren groß, lang, fast nackt.

Bedeckung ziemlich langes Haar.

Zitzen an der Brust und dem Bauche, acht.

Schwanz sehr lang, mit einem starken Büschel an der Spitze.

Aufenthalt: Asien und Afrika.

Nahrung: Saftige Kräuter.

Lebensart: Sie graben sich Höhlen, gehen des Nachts ihren Geschäften nach, und halten einen Winterschlaf.

X.

X.
Ratze.

Glis. BRISS. *regn. an. p. 160.*
Blumenb. Handb. der Natur. I. p. 79.
Mures lethargici. PALL. *Glir. p. 87.*

Linné hat sie getrennt, und zählt einen Theil derselben zu den Mäusen, die andern zu den Eichhörnern. Pennant und Erxleben rechnen sie allein zu den leztern.

Zähne. Schneidezähne oben zwey, sehr scharf und etwas zugespizt.
            unten zwey, mit breiter Schärfe.
      Backenzähne oben und unten vier.

Füsse. Vorderfüsse vierfingrig.
      Hinterfüsse fünffingrig.

Kopf dick und rund. Ohren groß, rund und fast nackt.

Bedeckung: weiches, langes Haar.

Zizen an der Brust und dem Bauche.

Schwanz lang, rund, und mit langen Haaren bekleidet, die einen Kreis um ihn bilden.

Auffenthalt: die gemässigte Zone

Nahrung: Eicheln, Nüsse, Körner.

Lebensart: Sie schlafen des Winters unter der Erde, und gehn bey Nacht ihren Geschäften nach.

XI.
Eichhörnchen.

Sciurus. LINN. *syst. nat. I. p. 86.*
BRISS. *regn. an. p. 149.*

SCOP.

SCOP. *intr. p. 497.*

ERXL. *regn. an. p. 411.*

Squirrel. PENN. *syn. p. 239.*

Zähne. Schneidezähne oben zwey, zugespißt.
unten zwey, keilförmig.
Backenzähne oben und unten vier.

Füſſe. Vorderfüſſe vierfingrig.
Hinterfüſſe fünffingrig. Die Füſſe ſind mit ſehr groſſen und ſtarken Nägeln verſehn.

Kopf groß, dreyeckt, zugespißt. **Ohren** rund, ziemlich groß und haarig.

Bedeckung: ein nicht ſehr weiches, langes Haar.

Zißen an der Bruſt und dem Bauche.

Schwanz lang, mit ſehr langen Haaren zur Seite beſeßt.

Auffenthalt: die heiſſen und gemäſſigten Gegenden der Erde.

Nahrung: Nüſſe, Eicheln, und ähnliche harte Schaalfrüchte; auch überfallen ſie wohl kleine Vögel, und ihre Eyer.

Lebensart: Sie halten ſich auf Bäumen auf, und ſpringen ſehr leicht. Sie bauen ſich ordentliche Neſter. Im Freſſen ſißen ſie gewöhnlich auf den Hinterpfoten, und ſtecken die Speiſe mit den Händen ins Maul. Im Schlaf bedecken ſie den Körper mit dem Schwanze. Sie ſind ſehr ſchnell und ſchlank.

XII.

Ziesel.

Glis. BRISS. *regn. an. p. 160.*

ERXL. *regn. an. p. 358.*

Marmot. PENN. *syn. p. 268.*

Mar-

Marmota. Blumenb. Handb. der Naturg. I. S. 79.
Arctomys. Schreber.
Mures soporosi. PALLAS *Glir. p.* 74.
Mures buccati. PALL. *Glir. p. 83.*
        Linné zählt sie zu den Mäusen.

Zähne. Schneidezähne, oben zwey, grade.
                              unten zwey, krumgebogen, spitz, auseinander.
        Backenzähne oben und unten vier.

Füsse. Vorderfüsse vierfingrig.
        Hinterfüsse fünffingrig

Kopf kurz, dick, stumpf. **Ohren** sehr kurz und rund.

Bedeckung: sehr langes und dickes Haar.

Zitzen an der Brust und dem Bauche.

Schwanz sehr kurz und starck behaart.

Auffenthalt: die nördlichen und gemässigten Gegenden der Erde.

Nahrung: Gras, Kräuter, Wurzeln.

Lebensart: Sie gräben sich Löcher unter der Erde, oder suchen sich
        hohle Bäume, in denen sie wohnen, sich Vorrath sammeln,
        und ihren Winterschlaf halten. Sie sitzen auf dem Hintern,
        und bringen die Speise mit der Hand zum Munde.

Arten

Arten der Nager.

Nager.

Füsse gefingert.
Zähne: Schneidezähne und Backenzähne.
Hundszähne mangeln.

I. Stachelschwein.

Rücken mit Stacheln bedeckt.

Cuandu 1. Stachelschwein mit vierfingrigen Füssen.
Hystrix Americanus. R a i. *syn. p. 208.*
Hystrix Americanus. B r i s s. *regn. an. p. 129.*
Hystrix Americanus maior. B r i s s. *regn. an. p. 130.*
Le Coendou. B u f f. *hist. nat. XII. p. 418. t. 54. Suppl. III. p. 213.*
Hystrix prehensilis. L i n n. *syst. nat. ed. 12. I. p. 76.*
Brasilian Porcupine. P e n n. *syn. p. 195. t. 24. f. 1.*
Hystrix prehensilis. E r x l. *regn. an. p. 342.*
Der Cuandu. Hystrix prehensilis. S c h r e b. Säugth. S. 603. T. 168.
Auffenthalt: Mexico, Brasilien und Guiana.

Langschwanz 2. Stachelschwein mit fünffingrigen Füssen.
Sonderliches Stachelschwein. K l e i n nat. Ord. S. 71.
Hystrix orientalis. B r i s s. *regn. an. p. 131.*
Hystrix macroura. L i n n. *syst. nat. I. p. 75.*
Longtailed Porcupine. P e n n. *syn. p. 260.*
Hystrix macroura. E r x l. *regn. an. p. 346.*
Das langschwänzige Stachelthier. Hystrix macroura. S c h r e b.
Säugth. S. 607. T. 170.
Auffenthalt: Ostindien.

C   Hauben.

Hauben- 3. Stachelschwein mit vierfingrigen Händen, fünffingrigen
           Füssen, und langen Stacheln.
   Hystrix. RAJI *syn. p. 206.*
   Gekröntes Stachelschwein. Klein nat. Ord. S. 71.
   Hystrix. BRISS. *regn. an. p. 125.*
   Le Porc-epic. BUFF. *hist. nat. XII. p. 402. t. 51-52.*
   Hystrix cristata. LINN. *syst. nat. I. p. 76.*
   Crested Porcupine. PENN. *syn. p. 266.*
   Hystrix cristata. ERXL. *regn. an. p. 340.*
   Das Stachelschwein. Hystrix cristata. Schreb. Säugth. S. 399.
           T. 177.
   Auffenthalt: Asien und Afrika.

Verlarvtes 4. Stachelschwein mit vierfingrigen Vorderfüssen, fünf-
           fingrigen Hinterfüssen, und kurzen Stacheln.
   Afterhase aus der Hudsonsbay. Klein nat. Ordn. S. 54.
   Hystrix Novæ Hispaniæ. BRISS. *regn. an. p. 127.*
   Hystrix Freti Hudsonis. BRISS. *regn. an. p. 128.*
   L'Urson. BUFF. *hist. nat. XII. p. 426. t. 55.*
   Hystrix dorsata. LINN. *syst. nat. I. p. 76.*
   Canada Porcupine. PENN. *syn. p. 266.*
   Hystrix dorsata. ERXL. *regn. am. p. 345.*
   Der Urson. Hystrix dorsata. Schreb. Säugth. S. 605. T. 169.
   Auffenthalt: Nordamerika.

2. Bieber.

Füsse fünffingrig.

Schwanz schuppig, platt.

Gemeiner 1. Bieber mit verbundenen Fingern des Hinterfusses.
   Castor. GESN. *quadrup. p. 336. c. f.*
   Castor f. Fiber. RAJI *syn. p. 209.*
   Castor f. Fiber. BRISS. *regn. an. p. 133.*
   Castor albus. BRISS. *regn. an. p. 135.*
   Le Castor. BUFF. *hist. nat. VIII. p. 286. t. 36.*

                                              Castor

Caſtor Fiber. L i n n. *ſyſt. nat. I. p. 78.*
Caſtor Beaver. Penn. *ſyn. p. 259.*
Caſtor Fiber. Erxl. *regn. an. p. 440.*
Der Biber. Caſtor Fiber. Schreb. Säugth. S. 623. T. 175.
Auffenthalt: die nördlichen Gegenden von Europa und
Amerika.

Biſam= 2. Bieber mit freyen Fingern.
(Caſtor) Mus moſchiferus Canadenſis. Briss. *regn. an. p. 136.*
L'Ondatra. Buff. *hiſt. nat. X. p. 1. t. 1.*
Caſtor zibethicus. Linn. *ſyſt. nat. I. p. 79.*
Musk Beaver. Penn. *ſyn. p. 259.*
Caſtor zibethicus. Erxl. *regn. an. p. 444.*
Der Ondathra. Mus zibethicus. Schreb. Säugth. S. 638. T. 176.
Auffenthalt: Nordamerika.

3. Haſe.

Füſſe. Vorderfüſſe fünffingrig.
Hinterfüſſe vierfingrig.
Schwanz kurz und haarig.

Feld= 1. Haſe mit längern Schwanze als der Kopf.
Lepus. Gesn. *quadr. p. 681.*
Lepus. Raji *ſyn. p. 204.*
Feldhaſe. Klein nat. Ord. S. 54.
Lepus. Briss. *regn. an. p. 138.*
Le Lievre. Buff. *hiſt. nat. VI. p. 246. t. 38. Suppl. III. p. 144.*
Lepus timidus. Linn. *ſyſt. nat. I. p. 77.*
Common Hare. Penn. *ſyn. p. 248.*
Lepus timidus. Erxl. *regn. an. p. 325.*
Lepus europæus. Pall. *Glir. p. 30.*
Auffenthalt: Europa und Aſien.
β. Der ſchwarze Feldhaſe.
Schwarzer Haſe. Klein nat. Ord. S. 55.
Lepus niger. Briss. *regn. an. p. 139.*

C 2   Berg=

Berg = 2. Hase mit kürzern Schwanze und Ohren als der Kopf, und
   Hinterbeinen so lang als der halbe Leib.
  Weisser Steinhase. Klein nat. Ord. S. 55.
  Lepus albus. BRISS. regn. an. p. 139.
  Alpine Hare. PENN. syn. p. 249. t. 23. f. 1.
  Lepus variabilis. PALL. Glir. p. 1.
  Auffenthalt: die Alpen und nördlichen Gegenden der Erde.

Tolai 3. Hase mit kürzern Schwanze wie der Kopf, Hinterbeinen so
   lang wie der halbe Leib, und Ohren so lang wie der Kopf.
  Le Tolai. BUFF. hist. nat. XV. p. 138.
  Baikal Hare. PENN. syn. p. 253.
  Lepus dauricus. ERXL. regn. an. p. 335.
  Lepus Tolaï. PALL. Glir. p. 17.
  Auffenthalt: Mongolien und Daurien.

Kaninchen 4. Hase mit kürzern Schwanze wie der Kopf, und kür=
   zern Hinterbeinen wie der halbe Leib.
  Cuniculus. RAJI syn. p. 205.
  Kaninchen. Klein nat. Ord. S. 55.
  (Lepus) Cuniculus nostras. BRISS. regn. an. p. 140.
  Le Lapin. BUFF. hist. nat. VI. p. 303. t. 50–55.
  Lepus Cuniculus. LINN. syst. nat. I. p. 77.
  Rabbit Hare. PENN. syn. p. 251.
  Lepus Cuniculus. PALL. Glir. p. 30.
  Lepus Cuniculus. ERXL. regn. an. p. 331.
  Auffenthalt: die warmen und gemäßigten Gegenden der al=
   ten Welt: in Höhlen.

Hudsonischer 5. Hase mit längern Hinterbeinen als der halbe Leib.
  American Hare. FORSTER: Philof. Transf. LXII. p. 376.
  Lepus Hudsonius. PALL. Glir. p. 30.
  Lepus Americanus. ERXL. regn. an. p. 330.
  Auffenthalt: Hudsonsbay und New = Jersey.

Capischer 6. Hase mit so langen Schwanze als der halbe Leib.
  Lepus capensis. LINN. syst. nat. I. p. 78.

             Cape

Cape Hare. PENN. *syn. p. 253.*
Lepus capensis. ERXL. *regn. an. p.335.*
Lepus capensis. PALL. *Glir. p.30.*
Auffenthalt: das Vorgebürge der guten Hofnung.

Tapeti 7. **Hase mit ausserordentlich kurzen Schwanze.**
 Cuniculus Brasiliensis Tapeti dictus. RAJI *syn. p.205.*
 Lepus brasilianus. BRISS. *regn. an. p.141.*
 Le Tapeti BUFF. *hist. nat. XV. p.162.*
 Brasilian Hare. PENN. *syn. p. 252.*
 Lepus brasiliensis. LINN. *syst. nat. I. p.78.*
 Lepus brasiliensis. ERXL. *regn. an. p.336.*
 Lepus Tapeti. PALL. *Glir. p.30.*
Auffenthalt: Brasilien und Mexico.

4. Graber.

Füsse. Vorderfüsse fünffingrig.
  Hinterfüsse vierfingrig.
Schwanz fehlt gänzlich.

Felsen= 1. **Graber mit eyrunden, etwas zugespitzten Ohren.**
 Lepus Ogotona. PALL. *Glir. p.59. t.3.*
Auffenthalt: Jenseit des Baikals und in der Mongolischen
  Wüste.

Berg= 2. **Graber mit ziemlich grossen, runden Ohren.**
 Lepus Alpinus. PALL. *Glir. p.45. t.2.*
 Lepus Alpinus. ERXL. *regn. an. p.337.*
Auffenthalt: von den Gebürgen des östlichen Sibiriens bis
  nach Kamtschatka.

Kleiner 3. **Graber mit kleinen fast dreyeckten, runden Ohren.**
 Lepus pusillus. LINN. *mant. II. p.522.*
 Lepus pusillus. PALL. *Glir. p.31. t.1.*
 Lepus pusillus. ERXL. *regn. an. p.338.*
Auffenthalt: die südlichen Uralensischen Gebürge.

C 3   5. Serkel.

5. Ferkel.

Füſſe. Vorderfüſſe vierfingrig.
Hinterfüſſe dreyfingrig.

Waſſer= 1. Ferkel mit Schwimmfüſſen.

Capybara Braſilienſibus, Porcus fluviatilis Maregravii R A J I *ſyn. p. 117.*
Hydrochærus. Briss. *regn. an. p. 117.*
Le Cabiai. Buff. *hiſt, nat. XII. p. 384. t. 49.*
Sus hydrochærus. Linn. *ſyſt. nat. I. p. 103.* ·
Thicknoſed Tapir. Penn. *ſyn. p. 83.*
Hydrochærus Capybara. Erxl. *regn. an. p. 193.*
Der Capybara. Cavia Capybara. Schreb. Säugth. S. 620. T. 174.

Auffenthalt: Südamerika an den Flüſſen.

　　Der Cabiai iſt wegen des ſonderbaren Baues ſeiner Füſſe eines der zweifelhafteſten Thiere in der Naturgeſchichte. Linné zählt es zu den Thieren mit Hufen, und daſſelbe thun Briſſon, Pennant, und andre. Linné vertheidigt noch überdem ſeine Meynung mit ſehr wichtigen Gründen: „Animal a me deſcriptum, ſagt er (Syſt. nat. III. Add. p. 228,) eſt „pedibus ungulatis, nec unguiculatis ergo Bellua, nec Glis, vide̅ndum „in Muſeo Upſalienſi„; Die neuern Naturforſcher hingegen zäh= len ihn zu den Thieren mit gefingerten Füſſen. Da die we= nigſten von den letztern vielleicht den Cabiai ſelbſt unterſucht haben, da ſo wohl Linné, als ſie, allein auf die Füſſe und Zähne Achtung gegeben haben, ſo können beyde nicht als zuver= läßige Schiedsrichter angeſehen werden. Ich will daher lieber aus Büffons und D'Aubentons Beſchreibung, als zweyer unpartheyiſcher Zeugen, zu beweiſen ſuchen, daß dieſes Thier nichts anders als ein Nager, und ſo wohl nach ſeinem in= nern als äuſſern Baue ein Ferkel ſey. Was erſtlich ſeine Füſſe betrifft, ſo ſagen beyde, daß ſie mit Nägeln (*Ongles*) verſehn ſind, und D'Aubenton hat ſie ſogar gemeſſen. Die
Zähne

Zähne sind ferner wie bey den Nagern beschaffen; die Hundszähne fehlen gänzlich, und in beyden Kinnladen sind zwey
hervorragende Schneidezähne, und von diesen entfernte
Backenzähne. Schon diese Kennzeichen würden hinreichen,
dieses Thier unter die Nager zu setzen, aber auch alle innere
Theile beweisen es, daß es zu keiner andern Ordnung könne ge-
zählt werden. Der grosse Magen, der grosse und weite
Blinddarm, seine Lage, ja die ganze Gestalt der Eingeweide lehren dieses hinlänglich. Das Geschlecht dieses Thiers
läßt sich eben so leicht auffinden. Schon die grosse Aehnlichkeit, die Büffon und D'Aubenton zwischen ihm
und dem Meerschweine fanden, wäre hinlänglich, beyde unter Ein Geschlecht zu bringen, wann nicht der letztere noch
überdem in den einzelnen Theilen diese Aehnlichkeit gezeigt hätte.
Die Anzahl der Finger ist sich gleich; die Zähne, so wohl
die Schneidezähne als Backenzähne sind in derselben Zahl
vorhanden, und von gleicher Beschaffenheit, wie bey dem
Meerferkel: der kurze abgestumpfte Kopf, der grosse Hasenschart, die kleinere Unterlefze, die kurzen fast nackten Ohren, die kurzen Beine, der fehlende Schwanz, die man-
gelnden Schlüsselbeine, ja, alle Eingeweide, die fast
gänzlich in ihrem Bau, und ihrer Lage mit denen des Meer-
Ferkels übereinstimmen, setzen dieses Thier unter das Geschlecht der Ferkel.

Meer- 2. Ferkel mit zwey Schneidezähnen in jedem Kiefer, ohne
Schwanz und mit grossen runden Ohren.
Mus f. Cuniculus americanus, guineensis, porcelli pilis & voce.
 Raji *syn. p. 223.*
Cuniculus Indicus. Briss. *regn. an. p. 147.*
Pharaonis Maus. Klein *nat. Ord. S. 53.*
Le Cochon d'Inde. Buff. *hist. nat. VIII. p. 1. t. 1.*
Mus Porcellus. Linn. *syst. nat. I. p. 79.*
Earless Cavy. Penn. *syn. p. 248.*

Cavia

Cavia Porcellus. ERXL. *regn. an. p.349.*
Das Meerschwein. Cavia Cobaya. Schreb. Säugth. S.617. T.173.
Auffenthalt: Brasilien.

Capisches 3. Ferkel mit vier Schneidezähnen im untern Kiefer.
Cavia capensis. PALL. *Spicil. zool. fasc. II. p. 16. t. 2.*
Cavia capensis. LINN. *syst. nat. Add.*
Cape Cavy. PENN. *syn. p. 247.*
Cavia Capensis. ERXL. *regn. an. p.352.*
La Marmotte du Cap de bonne Esperance. BUFF. *hist. nat. suppl. III.*
     p. 177. t. 29. nach Pallas.
Auffenthalt : das Vorgebürge der guten Hofnung.

Aperea 4. Ferkel mit zwey Schneidezähnen in jedem Kiefer, ohne
     Schwanz, mit kleinen runden Ohren.
Afterhase Aperea. Klein nat. Ord. S. 53.
Cuniculus brasiliensis. BRISS. *regn. an. p.149.*
L'Aperea. BUFF. *hist. nat. XV. p.160.*
Rock Cavy. PENN. *syn. p. 244.*
Cavia Aperea. ERXL. *regn. an. p.348.*
Der Aperea. Schreb. Säugth. S. 616.
Auffenthalt: Brasilien.

Hasen= 5. Ferkel mit kurzen nackten Schwanze.
     α. **Der Aguti: oben rothbraun, unten gelblich.**
     Afterhase aus Brasilien. Klein nat. Ord. S. 53.
     L'Agouti. BUFF. *hist. nat. VIII. p. 375. t. 50. suppl. III. p. 202.*
     (Cuniculus) L'Agouti. BRISS. *regn. an. p. 143.*
     Mus Aguti. LINN. *syst. nat. I. p. 80.*
     Longnosed Cavy. PENN. *syn. p. 245.*
     Cavia Aguti. ERXL. *regn. an. p. 353.*
     Der Aguti. Cavia Aguti. Schreb. Säugth. S. 613. T. 172.
     β. **Der Akuschi, olivenfarben.**
     L'Acouchi. BUFF. *hist. nat. XV. p. 158. suppl. III. p. 211. t. 36.*
     Olive Cavy. PENN. *syn. p. 246.*
     Cavia Acouchy. ERXL. *regn. an. p. 354.*
     Der Akuschi. Cavia Acuchy. Schreb. Säugth. S. 612. T. 171 B.

γ. Das

γ. Das javanische, oben roth, unten weiß.

  Afterhase von Java. **Klein nat. Ord.** S. 54.
  Cuniculus Javenſis. Briss. *regn. an. p.142.*
  Mus leporinus. Linn. *ſyſt. nat. I. p. 80.*
  Javan Cavy. Penn. *ſyn. p. 246.*
  Cavia leporina. Erxl. *regn. an. p.355.*

Auffenthalt: α und β in Braſilien und Guiana, γ auf Java und Sumatra.

Dieſe drey, bey allen Schriftſtellern verſchiedne Arten, ſcheinen weiter nichts als Verſchiedenheiten zu ſeyn, da nach allen Beſchreibungen die Farbe ihr einziges unterſcheidendes Kennzeichen iſt, und ſie in ihrem Körperbau ſich ohne Zweifel ähnlich ſind.

6. Kleinauge.

Füſſe fünfingrig.

Schwanz ſehr kurz oder mangelt gänzlich.

Geſleckter 1. Kleinauge mit Ohrlappen.

  Mus Braſilienſis magnus, porcelli pilis & voce, Paca dictus. Raji *ſyn. p. 226.*
  Afterhaſe Paca. **Klein nat. Ord.** S. 53.
  (Cuniculus) Paca. Briss. *regn. an. p. 144.*
  Le Paca. Buff. *hiſt. nat. X. p.269. t. 43. Suppl. III. p. 203. t. 35.*
  Mus Paca. Linn. *ſyſt. nat. I. p. 81.*
  Spotted Cavy. Penn. *ſyn. p. 244.*
  Der Paka. Cavia Paca. **Schreb.** Säugth. S. 609. T. 171.

Auffenthalt: Braſilien und Guiana.

Sonderbar iſt es, daß alle Syſtematiker dem Herrn Klein darinn gefolgt ſind, daß ſie dieſes Thier zu den Ferkeln zählen, mit denen es doch gar keine Kennzeichen gemein hat, ſondern ſo wohl was die Anzahl der Finger, als die Schlüſ-

D   **ſelbeine**

selbeine betrift, zu diesem Geschlechte gehöret, dem es auch in seinem äussern Ansehn ähnlich ist.

Blinder 2. Kleinauge ohne Schwanz.
Mus typhlus. PALL. *Glir. p. 154. t. 8.*
Mus typhlus. S ch r e b. Säugth. T. 206.
Auffenthalt: zwischen dem Don und der Wolga.

Unterirdischer 3. Kleinauge mit kurzen nackten Schwanze.
Mus Aspalax. PALL. *Glir. p. 165. t. 10.*
Spalax major. ERXL. *regn. an. p. 377.*
Mus Aspalax. S ch r e b. Säugth. T. 205.
Auffenthalt: Daurien.

Sand = 4. Kleinauge mit kurzen, gebüschelten Schwanze.
Mus capensis. PALL. *Glir. p. 172. t. 7.*
Mus capensis. S ch r e b. Säugth. T. 204.
Auffenthalt: das Vorgebürge der guten Hofnung.

Grabender 5. Kleinauge ohne Ohrlappen, mit haarigen abgestumpf-
ten Schwanze.
Mus talpinus. PALL. *Glir. p. 176. t. 11 A.*
Spalax minor. ERXL. *regn. an. p. 379.*
Mus talpinus. S ch r e b. Säugth. T. 203.
Auffenthalt: das ganze russische Reich.

7. Zeist.

Füsse. Vorderfüsse vierfingrig.
Hinterfüsse fünffingrig.
Schwanz kurz, dünnbehaart.

Lemming 1. Zeist mit versteckten Ohren und sehr langen Daumnagel.
Mus Norvagicus, vulgo Lemming. RAJI *syn. p. 227.*
Norwegische Maus, lemming. Klein nat. Ord. S. 61.

Cuni-

Cuniculus Norvegicus. Briss. *regn. an. p.145.*
Le Leming. Buff. *hift. nat. XIII. p.314.*
Mus Lemmus. Linn. *fyft. nat. I. p.80.*
Lapland Marmot. Penn. *fyn. p.274. t. 24. f. 2.*
Mus Lemmus. Erxl. *regn. an. p.371.*
Mus Lemmus. Pall. *Glir. p.186. t. 12 A* und *B.*

α. Der norwegifche Lemming: gröffer, fchwarz, gelb und weiß bunt.
Pall. *199. t. 12 A.*

β Der lappländifche Lemming: kleiner, oben gelblich braun, unten
weiß.
Pall. *Glir. p. 201. t. 12 B.*
Auffenthalt: Norwegen und Lappland.

Zug= 2. Zeift mit kurzen faft unter den Haaren verfteckten Schwanze.
Mus Lagurus. Pall. *Glir. p. 210. t. 13 A.*
Glis Lagurus. Erxl. *regn. an. p.375.*
Auffenthalt: am Jaik und Jrtis.

Kragen= 3. Zeift mit einer Daumwarze, die faft ohne Nagel, und
unter die Hand gefchlagen ift.
Mus torquatus. Pall. *Glir. p. 206. t. 11 B.*
Auffenthalt: Am Oby und auf den Uralenfifchen Gebürgen.

Waffer= 4. Zeift mit verfteckten Ohren, und einem Daumnagel, ohne
Spur des Daumens.
Mus major aquaticus f. Rattus aquaticus. Raji *fyn. p. 217.*
Mus aquaticus. Briss. *regn. an. p.175.*
Le Rat d'eau. Buff. *hift. nat. VII. p.348. t. 43.*
Mus amphibius. Linn. *fyft. nat. I. p.82.*
Water Rat. Penn. *fyn. p.301.*
Mus amphibius. Erxl. *regn. an. p.386.*
Mus amphibius. Pall. *Glir. p.80.*
Die Waffermaus. Mus amphibius. Schreb. Säugth. S. 668.
T. 186.

β Die

γ Die Sumpfratze.

Mus (paludofus) cauda mediocri pilofa, palmis fubtetradactylis, plantis pentadactylis, auriculis vellere brevioribus, ater. Linn. *mant. II. p. 522.*

Mus paludofus. Erxl. *regn. an. p. 394.*

Diefe neue Gattung des Linne' ift ohne Zweifel gar nicht von der vorigen unterfchieden.

Auffenthalt: Europa und Nordamerika.

Erd = 5. Zeift mit Ohren, die kaum aus den Haaren hervorragen, und mittelmäßigen Schwanze.

Mus agreftis, capite grandi, brachyuros. Raji *fyn. p. 218.*

Mus campeftris minor. Briss. *regn. an. p. 176.*

Le Campagñol. Buff. *hift. nat. VII. p. 364. t. 47.*

Mus terreftris. Linn. *fyft. nat. I. p. 82.*

Short-tailed Rat. Penn. *fyn. p. 305.*

Mus terreftris. Erxl. *regn. an. p. 395.*

Mus arualis. Pall. *Glir. p. 78.*

Die kleine Feldmaus. Mus arualis. **Schreb. Säugth. S. 680.** T. 191.

Auffenthalt: Europa und Nordamerika.

Tulpen = 6. Zeift mit Ohren, die kaum aus den Haaren hervorragen, und kurzen Schwanze.

Mus focialis. Pall. *Glir. p. 218. t. 13 B.*

Mus aftrachanenfis. Erxl. *regn. an. p. 403.*

Die Tulpenmaus. Mus focialis. **Schreb. Säugth. S. 682.** T. 192.

Auffenthalt: am Jaik.

Wurzel = 7. Zeift mit verfteckten Ohren, und kaum gegenwärtigen kegelförmigen Daumnagel.

Mus œconomus. Pall. *Glir. p. 225. t. 14 A.*

Die Wurzelmaus. Mus œconomus. **Schreb. Säugth. S. 675.** T. 190.

Auffenthalt: am Oby und Lena.

Rother

Rother 8. Zeiſt mit hervorragenden Ohren, ſehr haarigen, ein Drittel ſo langen Schwanze, als der Leib.

Mus' gregarius. Linn. *ſyſt. nat. I. p. 84?*
Gregarious Rat. Penn. *ſyn. p. 305?*
Mus rutilus. Pall. *Glir. p. 246. t. 14 B.*
Die ſibiriſche rotheMaus. Mus rutilus. Schreb. Säugth. S. 672. T. 188.
Auffenthalt: Schweden? das nördliche Rusland und Sibirien.

Zwiebel = 9. Zeiſt mit hervorragenden Ohren, und gebüſchelten, halbſolangen Schwanze als der Leib

Mus gregalis. Pall. *Glir. p. 238.*
Die Zwiebelmaus. Mus gregalis. Schreb. Säugth. S. 694. T. 189.
Auffenthalt: Daurien.

Knoblauch = 10. Zeiſt mit ziemlich groſſen Ohren, und ſehr haarigen Schwanze.

Mus alliarius. Pall. *Glir. p. 252. t. 14 C.*
Die Knoblauchmaus. Mus alliarius. Schreb. Säugth. S. 671. T. 187.
Auffenthalt: Sibirien.

Klipp = 11. Zeiſt mit ziemlich groſſen Ohren und faſt nackten Schwanze.

Mus ſaxatilis. Pall. *Glir. p. 255. t. 23 B.*
Die Klippmaus. Mus ſaxatilis. Schreb. Säugth. S. 667. T. 186.
Auffenthalt: Mongolien.

8. Maus.

Schwanz ſehr lang und faſt nackt.

Moſchus = 1. Maus mit mittelmäſſigen, nackten Schwanze.

Musk Cavy. Penn. *ſyn. p. 247.*
Mus Pylorides. Pall. *Glir. p. 91.*
Der Piloris. Mus Pylorides. Schreb. Säugth. S. 642.
Auffenthalt: Die Antillen und Zeylon.

Groſſe

Grosse 2. Maus mit weicher Daumwarze und rumpflangen, dünn-
behaarten Schwanze.

Mus Caraco. PALL. *Glir. p.* 328. *t.* 23 *A.*
Der Karako. Mus Caraco. Schreb. Säugth. S. 643. T. 177.
Auffenthalt: China und das östliche Sibirien.

Wander = 3. Maus mit kurzen Daumnagel und körperlangen
Schwanze.

Norwegischer Siebenschläfer. Klein nat. Ord. S. 59.
Mus sylvestris. BRISS. *regn. an. p.* 470.
Mus norvegicus. BRISS. *regn. an. p.* 173.
Le Surmulot. BUFF. *hist. nat. VIII. p.* 206. *t.* 27.
Brown Rat. PENN. *syn. p.* 300.
Mus Norvegicus. ERXL. *regn. an. p.* 381.
Mus decumanus. PALL. *Glir. p.* 91.
Die Wanderratte. Mus decumanus. Schreb. Säugth. S. 645.
T. 178.
Auffenthalt: Von Norwegen aus hat sie sich fast durch ganz
Europa verbreitet.

Ratze 4. Maus mit einem Daumnagel, und längern Schwanze als
der Leib.

Mus domesticus major, s. Rattus. RAJI *syn. p.* 217.
Ratze. Klein nat. Ord. S. 60.
Rattus. BRISS. *regn. an. p.* 168.
Le Rat. BUFF. *hist. nat. VII. p.* 278. *t.* 36.
Mus Rattus. LINN. *syst. nat. I. p.* 83.
Black Rat. PENN. *syn. p.* 299.
Mus Rattus. ERXL. *regn. an. p.* 382.
Mus Rattus. PALL. *Glir. p.* 93.
Die Hausratte. Mus Rattus. Schreb. Säugth. S. 647. T. 179.
Auffenthalt: Von den Amerikanischen Inseln aus fast ganz
Europa und Amerika.

Die Ratze ist zuverlässig nicht in Europa zu Hause, ob
es gleich viele Naturforscher behauptet haben, und ihre starke

ke Vermehrung es sehr wahrscheinlich macht. Bey den Alten findet man keinen Nahmen, der sie bezeichnete, und der deutsche Nahme Ratze, ist ihnen von dem Siebenschläfer (Sciurus Glis Linn.) gegeben worden, ohne Zweifel weil beyde sich beynahe in der Grösse gleich sind. — Ich habe doch wirklich auch eine Ratze ohne Daumnagel gefunden; die Schwierigkeit sie von den Mäusen zu unterscheiden, ist also noch immer sehr groß.

Feld = 5. Maus ohne Spur eines Daumes, mit kürzern Schwanze als der Leib.

Mus agreſtis major. Gesn. *quadr. p.* 830. Abbildung *p.* 1104.
Mus domeſticus medius. Raji *syn. p.* 218.
Mus agreſtis major, macrouros Gesn. Raji *syn. p.* 219.
Mus agreſtis major. Briss. *regn. an. p.* 171.
(Mus) le Mulot. Briss. *regn. an. p.* 174.
Le Mulot. Buff. *hiſt. nat. VII. p.* 325. *t.* 41.
Mus sylvaticus. Linn. *ſyſt. nat. I. p.* 84.
Field Rat. Penn. *syn. p.* 302.
Mus sylvaticus. Erxl. *regn. an. p.* 388.
Mus sylvaticus. Pall. *Glir. p.* 94.
Die grosse Feldmaus. Mus sylvaticus. Schreb. Säugth. S. 651 T. 180.

Auffenthalt: die nördlichen und gemässigten Gegenden von Asien und Europa.

Herr Hofrath Schreber schreibt ihnen einen Daum zu, an einem Exemplare, das ich untersuchte, denn mehrere habe ich noch nicht erlangen können, fand ich keine Spur desselben.

Haus = 6. Maus mit einem Daum ohne Nagel, und leibeslangen Schwanze.

Mus. Gesn. *quadrup. p.* 808.
Mus domeſticus vulgaris ſ. minor. Raji *syn. p.* 218.
Maus. Klein nat. Ordn. S. 60.

D 4   (Mus)

(Mus) Sorex. BRISS. *regn. an. p.* 169.
La Souris. BUFF. *hiſt. nat. VII. p.* 309. *t.* 39. *Suppl. III. p.* 181. *t.* 30.
Mus Muſculus. LINN. *ſyſt. nat. I. p.* 83.
Mouſe Rat. PENN. *ſyn. p.* 302.
Mus Muſculus. ERXL. *regn. an. p.* 391.
Mus Muſculus. PALL. *Glir. p.* 95.
Die Hausmaus. Mus Muſculus. Schreb. Säugth. S. 654. T. 181.
α. Die gemeine Hausmaus.
β. Die rothe Hausmaus.
   (Mus) Sorex americanus. BRISS. *regn. an. p.* 172.
Auffenthalt: α in ganz Aſien und Europa, und von da aus
   Amerika. β in Amerika.

Brand- 7. Maus mit ſtumpfen Daumnagel, und kaum längern
   Schwanze, als der halbe Leib.
   Mus agrarius. PALL. *Glir. p.* 341. *t.* 24 *A.*
   Mus agrarius. ERXL. *regn. an. p.* 398.
   Die Brandmaus. Mus agrarius. Schreb. Säugth. S. 658. T. 182.
   Auffenthalt: Die Aecker von Rusland und Sibirien, von
      da aus ſie zuweilen nach Deutſchland zieht.

Geſtreifte 8. Maus mit kleinen, runden, nackten Ohren.
   Mus orientalis SEBÆ *theſ. II. p. 22. t. 21. f. 2.*
   Feuerrothe orientaliſche Maus. Klein nat. Ord. S. 61.
   Mus orientalis. BRISS. *regn. an. p.* 175.
   Mus ſtriatus. LINN. *ſyſt. nat. I. p.* 84.
   Oriental Rat. PENN. *ſyn. p.* 304.
   Mus ſtriatus. ERXL. *regn. an. p.* 400.
   Mus ſtriatus. PALL. *Glir. p.* 90.
   Die Perlmaus. Mus ſtriatus. Schreb. Säugth. S. 665.
   Auffenthalt: Oſtindien.

Dreyfingrige 9. Maus mit faſt dreyfingrigen Vorderfüſſen.
   Mus barbarus. LINN. *ſyſt. nat. Add.*
   Mus barbarus. ERXL. *regn. an. p.* 399.

Die

Die geſtrichelte Maus. Mus barbarus. Sch r e b. Säugth. S. 666.
Auffenthalt: die Barbarey.

Zwerg = 10. Maus mit einem Daumnagel, und kaum rumpflangen
Schwanze.
Mus minutus. PALL. *Glir.p.* 345. *t.* 24 *B.*
Mus minutus. ERXL. *regn. an. p.* 402.
Die Zwergmaus. Mus minutus. S ch r e b, Säugth. S. 660, T. 183.
Auffenthalt : Rußland und Sibirien.

Schlaf= 11. Maus mit groſſer Daumwarze, und längern Schwanze
als der Leib.
Mus vagus. PALL. *Glir. p.* 327. *t.* 22. *f.* 2.
Mus ſubtilis. ERXL. *regn. an. p.* 402.
Die Streifmaus. Mus vagus. S ch r e b. Säugth. S. 663. T. 184. *f.* 2.
Auffenthalt: die wüſte Tartarey.

Birk = 12. Maus mit kleiner Daumwarze, und um die Hälfte län-
gern Schwanze als der Leib.
Mus betulinus. PALL. *Glir. p.* 332. *t.* 22. *f.* 1.
Mus ſubtilis. ERXL. *regn. an. p.* 402.
Die Birkmaus. Mus betulinus. Sch r e b. Säugth. S. 664. T. 184.
f. 1.
Auffenthalt: Sibirien.

Rüſſel= 13. Maus mit langen, zugeſpitzten Maule.
Die Rüſſelmaus. Mus soricinus. Sch r e b. Säugth. S. 661. T. 183 *B.*
Auffenthalt : Straßburg.

9. Springer.

Füſſe. Vorderfüſſe ſehr kurz.
Hinterfüſſe ſehr lang.
Schwanz mit einem ſtarken Büſchel Haare an der
Spitze und ſehr lang.

E

Sibi=

Sibirischer 1. Springer mit fünffingrigen Hinterfüssen.
Siberian Jerboa. Penn. *syn .p.* 296.
Mus Jaculus. Pall. *Glir. p.* 275. *t.* 20.
Auffenthalt : Sibirien.

Aegyptischer 2. Springer mit dreyfingrigen Hinterfüssen.
Mus Jaculus. Linn. *syst. nat. I. p.* 85.
Aegyptian Jerboa. Penn. *syn. p.* 295. *t.* 25. *f.* 3.
Jaculus Orientalis. Erxl. *regn. an. p.* 404.
Mus Sagitta. Pall. *Glir. p.* 306 *t.* 21.
Auffenthalt : das nördliche Afrika, Arabien und Syrien.

Capischer 3. Springer mit vierfingrigen Hinterfüssen.
Mus cafer. Pall. *Glir. p.* 87.
Auffenthalt : das Vorgebürge der guten Hofnung.

IO. Ratze.

Füsse. Vorderfüsse vierfingrig.
Hinterfüsse fünffingrig.
Schwanz lang, mit langen Haaren im Kreise besetzt.

Känguru 1. Ratze mit sehr kurzen Vorderfüssen, sehr langen Hin-
terfüssen, und dicken kegelförmigen Schwanze.
Känguru. Hawkesw. Seereis. *III.* S. 174. mit der Abbildung.
Jaculus giganteus. Erxl. *regn. an. p.* 409.
Auffenthalt: Neu Holland.

Langfuß 2. Ratze mit kurzen Vorderfüssen, mit einem kleinen Daum-
nagel, langen Hinterfüssen, und runden zugespitz-
ten Schwanze.
Mus longipes. Linn. *syst. nat. I. p.* 84.
Torrid Jerboa. Penn. *syn. p.* 297.
Jaculus torridarum. Erxl. *regn. an. p.* 409.
Mus longipes. Pall. *Glir. p.* 314. *t.* 18 *B.*
Auffenthalt: am Caspischen Meere.

Tama-

Tamariskeu 3. Ratze mit starker harscher Daumwarze, und runden zugespitzten Schwanze.

Mus tamarifcinus. PALL. *Glir. p.* 322. *t.* 19.
Sciurus tamarifcinus. ERXL. *regn. an. p.* 431.

Auffenthalt: am Cafpifchen See.

Langohrigte 4. Ratze mit halb fo langen Ohren als der Leib.

L'Animal Anonyme. BUFF. *hift. nat. Suppl. III. p.* 148. *t.* 19.

Auffenthalt: Libyen.

Spitzmaul = 5. Ratze mit ftumpfen Nägeln.

Le Rat de Madagafcar. BUFF. *hift. nat. Suppl. III. p.* 149. *t.* 20.

Auffenthalt: Madagaskar.

Eichel = 6. Ratze mit keulförmigen, nicht fehr langhaarigen, kürzern Schwanze als der Leib.

Mus avellanarum major. RAJI *fyn. p.* 219.
(Glis) le Lerot. BRISS. *regn. an. p.* 161.
Le Lerot. BUFF. *hift. nat. VIII. p.* 181. *t.* 25.
Mus quercinus. LINN. *fyft. nat. I. p.* 84.
Garden Squirrel. PENN. *fyn. p.* 290.
Sciurus quercinus. ERXL. *regn. an. p.* 432.
Mus Nitedula. PALL. *Glir. p.* 80.

Auffenthalt: das füdliche Europa.

Hafel = 7. Ratze mit keulförmigen, längern Schwanze als der Leib.

Mus avellanarum minor. RAJI *fyn. p.* 220.
(Glis) le Croque-noix. BRISS. *regn. an. p.* 162.
Le Muscardin. BUFF. *hift. nat. VIII. p.* 193. *t.* 27.
Mus avellanarius. LINN. *fyft. nat. I. p.* 83.
Dormoufe Squirrel. PENN. *fyn. p.* 291.
Sciurus avellanarius. ERXL. *regn. an. p.* 433.
Mus avellanarius. PALL. *Glir. p.* 89.

Auffenthalt: das mittlere und füdliche Europa.

Schlaf = 8. Ratze mit keulförmigen, fehr langhaarigen, kürzern Schwanze als der Leib.

Glis. Gesn. *quadr. p.* 619. *cum fig.*
Glis Gesneri & aliorum. Raji *syn. p.* 229.
Gemeiner Siebenschläfer. Klein nat. Ord. S. 59.
Glis. Briss. *regn. an. p.* 160.
Le Loir. Buff. *hist. nat. VIII, p.* 158. *t.* 24.
Sciurus Glis. Linn. *syst. nat. I. p.* 87.
Fat Squirrel. Penn. *syn. p.* 289.
Sciurus Glis. Erxl. *regn. an. p.* 429.
Mus Glis. Pall. *Glir. p.* 88.

Auffenthalt: die südlichen Gegenden von Asien und Europa.

Gelbe 9. Ratze mit sehr langhaarigen runden Schwanze.
Sciurus cauda tereti, pilis breuibus, auribus subrotundis. Linn. *Amœn.*
    I. p. 561.
Sciurus flauus. Linn. *syst. nat. I. p.* 86.
Fair Squirrel. Penn. *syn. p.* 285.
Sciurus flauus. Erxl. *regn. an. p.* 422.

Auffenthalt: Südamerika.

II. Eichhörnchen.

Füsse. Vorderfüsse vierfingrig.

Hinterfüsse fünffingrig.

Schwanz lang mit langen Haaren, die zur Seite
    liegen.

* Gehende, mit gebüschelten Ohren.

Gemeines 1. Eichhörnchen mit gebüschelten Ohren, und so langen
    Schwanze als der Leib.
Sciurus. Gesn. *quadr. p.* 955. *cum fig.*
Sciurus vulgaris. Raji *syn. p.* 214.
Gemeines rothes Eichhorn. Klein nat. Ord. S. 56.
Sciurus vulgaris. Briss. *regn. an. p.* 150.
L'Ecureuil. Buff. *hist. nat. VII. p.* 253. *t.* 32. *Suppl. III. p.* 146.
                                     Sciurus

Sciurus vulgaris. LINN. *syst. nat.* I. *p.* 86.
Common Squirrel. PENN. *syn. p.* 276.
Sciurus vulgaris. ERXL. *regn. an. p.* 411.

α. rothes: oben braunroth, unten weißlich.

β. Grauwerk: im Sommer roth, im Winter silbergrau.
　Mus Varius. GESN. *quadr. p.* 839. mit der Abbildung des Eichhörnchens.
　Sciurus Varius. BRISS. *regn. an. p.* 152.
　Sciurus hyeme cærulefcente-cinereus, æstate ruber, abdomine albo.
　ERXL. *regn. an. p.* 414. α.

γ. schwarzes.
　Sciurus niger, rarius in borealibus, distinguendus ab Americano.
　ERXL. *regn. an. p.* 415. β.

δ. weisses, mit rothen Augen.
　Sciurus albus Sibiricus. BRISS. *regn. an. p.* 416.
　Sciurus totus albus, oculis rubris. ERXL. *regn. an. p.* 416. γ.

ε. weißschwänziges, mit weissen Schwanze, zu Zeiten auch weissen
　Seiten und Füssen, aus England und Westbothnien.
　LINN. *syst. nat.* I. *p.* 86.
　ERXL. *regn. an. p.* 416. δ.

Auffenthalt: Europa, Asien und Nordamerika.

Langschwänziges 2. Eichhörnchen mit gebüschelten Ohren, und noch
　einmahl so langen Schwanze als der Leib.
　Sciurus zeylanicus, pilis in dorso nigricantibus, Rukkaja dictus.
　RAJI *syn. p.* 215.
　Ceylon Squirrel. PENN. *syn. p.* 281.
　Sciurus macrourus. ERXL. *regn. an. p.* 430.

Auffenthalt: Zeylon und Malabar.

Indianisches 3. Eichhörnchen mit gebüschelten Ohren, und längern
　Schwanze als der Leib.
　Bombay Squirrel. PENN. *syn. p.* 281.
　Sciurus Indicus. ERXL. *regn. an. p.* 430.

Auffenthalt: Ostindien.

　　　　　Rothes

Rothes 4. Eichhörnchen mit ganz kurz gebüschelten Ohren.
Sciurus erythræus. PALL. *Glir*. *p.* 377.
Auffenthalt: Ostindien.

** Gehende, mit nackten Ohren.

Schwarzes 5. Eichhörnchen ohne Flughaut, mit nackten Ohren, und
zugespitzten, langhaarigen, rumpflangen Schwanze.
Schwarzes Eichhorn. Klein nat. Ordn. S. 56.
Sciurus niger. BRISS. *regn. an. p.* 157.
Black Squirrel. PENN. *syn. p.* 284. *t.* 26. *f.* 2.
Sciurus niger. ERXL. *regn. an. p.* 417.
Auffenthalt: Asien und Amerika.

Graues 6. Eichhörnchen ohne Flughaut, mit auswendig kurzhaari-
gen Ohren, und abgerundeten, leibeslangen Schwanze.
Sciurus virginianus cinereus major. RAJI *syn. p.* 215.
Virginianisches Eichhorn. Klein nat. Ord. S. 56.
Petit-Gris. BUFF. *hist. nat. X. p.* 116. *t.* 25.
Sciurus cinereus. LINN. *syst. nat. I. p.* 86.
Grey Squirrel. PENN. *syn. p.* 288. *t.* 26. *fig.* 3.
Sciurus cinereus. ERXL. *regn. an. p.* 418.
Auffenthalt: Nordamerika.

Palm= 7. Eichhörnchen ohne Flughaut, mit nackten Ohren, und zu-
gespitzten, leibeslangen Schwanze.
Mustela Africana Clusii. RAJI *syn. p.* 216.
Sciurus palmarum. BRISS. *regn. an. p.* 156.
Le Palmiste. BUFF. *hist. nat. X. p.* 126. *t.* 26.
Sciurus palmarum. LINN. *syst. nat. I. p.* 286.
Palm Squirrel. PENN. *syn. p.* 287.
Sciurus palmarum. ERXL. *regn. an. p.* 423.
Auffenthalt: Asien und Afrika.

Barbarisches 8. Eichhörnchen ohne Flughaut, mit nackten Ohren,
und abgerundeten, rumpflangen Schwanze.

Sciurus

Sciurus getulus Caji. RAJI *syn. p. 216.*
Eichhorn aus der Barbarey. Klein nat. Ord. S. 57.
Graurötbliches Eichhorn. Klein nat. Ord. S. 58.
Sciurus getulus. BRISS. *regn. an. p.* 157.
Le Barbaresque. BUFF. *hift. nat. X. p.* 126. *t.* 27.
Sciurus getulus. LINN. *fyft. nat. I. p.* 87.
Sciurus getulus. ERXL. *regn. an. p.* 425.

Auffenthalt: Asien und Afrika.

Gestreiftes 9. Eichhörnchen mit nackten Ohren, und kurzhaarigen, zugespitzten, rumpflangen Schwanze.

Sciurus a Cl. D. Lyfter obferuatus. RAJI *syn. p.* 216.
Gestreiftes Eichhorn. Klein nat. Ord. S. 57.
Sciurus carolinenfis. BRISS. *regn. an. p.* 155.
Le Suiffe. BUFF. *hift. nat. X. p.* 126. *t.* 28.
Sciurus ftriatus. LINN. *fyft. nat. I. p.* 87.
Ground Squirrel. PENN. *syn. p.* 288.
Sciurus ftriatus. ERXL. *regn. an. p.* 426.

Auffenthalt: das nördliche Asien, und Nordamerika, unter den Wurzeln der Bäume.

Buntes 10. Eichhörnchen ohne Flughaut, mit nackten Ohren, und abgerundeten, leibeslangen Schwanze.

Le Coqualin. BUFF. *hift. nat. XIII. p.* 109. *t.* 13.
Varied Squirrel. PENN. *syn. p.* 285.
Sciurus variegatus. ERXL. *regn. an. p.* 421.

Auffenthalt: Südamerika, unter der Erde.

Liverey- 11. Eichhörnchen mit nackten Ohren, langhaarigen, längern Schwanze als der Leib, ohne Flughaut.

Eichhorn mit äftigen Schwanze. Klein nat. Ord. S. 57.
Sciurus Nouæ Hifpaniæ. BRISS. *regn. a. p.* 154.
Mexican Squirrel. PENN. *syn. p.* 286.
Sciurus Mexicanus. ERXL. *regn. an. p.* 428.

Auffenthalt: Neu Spanien.

Surinamisches 12. Eichhörnchen ohne Flughaut, mit nackten Ohren, und kurzhaarigen, längern Schwanze als der Leib.

Sciurus

Sciurus brasiliensis. Briss. *regn. an.* p. 154.
Sciurus æstuans. Linn. *syst. nat. I.* p. 88.
. Brasilian Squirrel. Penn. *syn.* p. 286.
Sciurus æstuans. Erxl. *regn. an.* p. 421.
Auffenthalt: Südamerika.

** Fliegende. . .

Segelndes 13. Eichhörnchen mit einer Flughaut, und runden Schwanze.
Le Saguan ou grand Ecureuil volant. Buff. *hist. nat. Suppl. III.* p. 150.
t. 21. 22.
Sciurus Petaurista. Pall. *Miscell.* p. 54. t. 6.
Sailing Squirrel. Penn. *syn.* p. 292. t. 27.
. Sciurus Sagitta. Erxl. *regn. an.* p. 439.
Auffenthalt: Java.

Schnelles 14. Eichhörnchen mit einer Flughaut, und getheilten, so
langen Schwanze als der Leib.
Sciurus Sagitta. Linn. *syst. nat. I.* p. 88.
Auffenthalt: Java.　—

Fliegendes 15. Eichhörnchen mit einer Flughaut, und halb so langen
Schwanze als der Leib.
Mus ponticus aut scythicus volans. **Gesn. Thierb. S.** 24.
Sciurus volans. Klein: *Philos. Trans. XXXVIII.* p. 32. *fig.* 1. 2.
Fliegendes pohlnisches Eichhorn. Klein nat. Ord. S. 57.
Sciurus Sibiricus volans. Briss. *regn. an.* p. 159.
Sciurus volans. Linn. *syst. nat. I.* p. 88. *su. suec. ed.* 2. p. 38.
Flying Squirrel. Penn. *syn.* p. 293.
Sciurus volans. Pall. *Glir.* p. 355.
Sciurus volans, Erxl. *regn. an.* p. 435.
Auffenthalt: die nördlichen Gegenden von Europa und
Asien.

Flatterndes 16. Eichhörnchen mit einer Flughaut, und drey Viertheil so langen Schwanze als der Leib.
Sciurus americanus volans. Raji *syn.* p. 215.

The

The flying Squirrel. CATESB. *Carol. II. p. 76. t. 76.* und 77.
The flying Squirrel. EDW. *Birds IV. t. 191.*
Virginischer Luftspringer. Klein nat. Ord. S. 58.
Sciurus volans. BRISS. *regn. an. p. 157.*
Le Polatouche. BUFF. *hist. nat. X. p. 95. t. 21, 22, 23.*
Mus volans? LINN. *Mus. Ad. Fried. prodr. II. p. 10. syst. nat. I. p. 85.*
Hooded flying Squirrel. PENN. *syn. p. 294. β.*
Sciurus Volacella. PALL. *Glir. p. 349.*
Sciurus Petaurista. ERXL. *regn. an. p. 438.*
Auffenthalt: Virginien und Mexico.

12. Ziesel.

Füsse. Vorderfüsse vierfingrig.
Hinterfüsse fünffingrig.
Schwanz kurz und haarig.

* Murmelthiere, mit getheilten Schwanze
und kurzen Ohren.

Murmelthier 1. Ziesel mit haarigen getheilten Schwanze, der ein
Drittel der Länge des Körpers hält, ohne Daumnagel.
Mus alpinus Plinii. RAJI *syn. p. 221.*
Murmelthier. Klein nat. Ord. S. 59.
(Glis) Marmota alpina. BRISS. *regn. an. p. 165.*
La Marmotte. BUFF. *hist. nat. VIII. p. 219. t. 28.*
Mus Marmota. LINN. *syst. nat. I. p. 81.*
Alpine Marmot. PENN. *syn. p. 268.*
Glis Marmota. ERXL. *regn. an. p. 358.*
Mus Marmota. PALL. *Glir. p. 74.*
Arctomys Marmota. Schreb. Säugth. T. 207.
Auffenthalt: die Alpen und Pyrenäen.

Polnischer 2. Ziesel mit haarigen, getheilten Schwanze, der ein Drit=
tel der Länge des Körpers hält; mit einem Daum=
nagel, ohne Daum.

F.   (Glis)

(Glis) Marmota polonica. Briss. *regn. an. p.* 165.
Le Bobak. Buff. *hift. nat. XIII. p.* 136. *t.* 18.
Mus Arctomys. Pall. *Glir. p.* 97. *t.* 5.
Arctomys Bobak. Schreb. Säugth. T. 209.
Auffenthalt: Pohlen, Rusland, Sibirien.

Suslik 3. Ziesel ohne Ohren.
Mus Noricus vel Citellus. Gesn. *quadr. p.* 835.
Mus Noricus vel Citillus Gesneri. Raji *syn. p.* 220.
Cuniculus Germanicus. Briss. *regn. an. p.* 147.
Mus Citellus. Linn. *fyft. nat. I. p.* 80. *Mant. II. p.* 523.
Le Souflik. Buff. *hift. nat. XV. p.* 195. *Suppl. III. p.* 191. *t.* 31.
Cafan Marmot. Penn. *fyn. p.* 273. *t.* 25. *fig.* 1.
Earlefs Marmot. Penn. *fyn. p.* 276.
Mus Citellus. Erxl. *regn. an. p.* 366.
Mus Citillus. Pall. *Glir. p.* 116.

α. **groffer: grau und braun wellenförmig geftreift.**
Pall. *Glir. p.* 125. *t.* 6.
Arctomys Citillus *α.* Schreb. Säugth. T. 211 A.

β. **kleiner: bräunlichgrau, weiß gefleckt.**
Pall. *Glir. p.* 123. *t.* 6 B.
Arctomys Citillus *β.* Schreb. Säugth. T. 211 B.
Buff. *hift. nat. Suppl. III. t.* 31.

Auffenthalt: Pohlen, Ungarn, Rusland, Sibirien.

Grauer 4. Ziesel mit halbfolangen Schwanze als der Leib.
The Monax. Edw. *birds II. t.* 104.
Amerikanifches Murmelthier. Klein nat. **Ordn.** S. 59.
(Glis) Marmota Bahamenfis. Briss. *regn. an. p.* 163.
(Glis) Marmota Americana. Briss. *regn. an. p.* 164.
Mus Monax. Linn. *fyft. nat. I. p.* 81.
Le Monax. Buff. *hift. nat. Suppl. III. p.* 175. *t.* 28. nach **Edwards.**
Maryland Marmot. Penn. *fyn. p.* 270.
Glis Monax. Erxl. *regn. an. p.* 361.
Mus Monax. Pall. *Glir. p.* 74.
Arctomys Monax. Schreb. Säugth. T. 208.
Auffenthalt: Virginien und Carolina.

Bunter

Bunter 5. Ziesel mit einem getheilten Schwanze, der ein Fünftheil so
lang ist als der Leib, ohne Daumnagel.

Quebec Marmot. Forster. *Philof. Tranf. LXII. p.* 378.
Quebec Marmot. Penn. *fyn. p.* 270. *t.* 24. *f.* 2.
Mus Empetra. Pall. *Glir. p.* 75.
Glis Canadensis. Erxl. *regn. an. p.* 363.
Arctomys Empetra. Schreb. Säugth. Taf. 210.

Auffenthalt: das nördliche Amerika.

** Hamster, mit runden Schwanze, ziemlich grossen Ohren
und Backentaschen.

Spitzkopf 6. Ziesel mit dünnen kurzhaarigen Schwanze, der ein Drittel so lang ist als der Leib.

Mus Furunculus. Pall. *Glir. p.* 273. *t.* 15 *B.*
Glis barabensis. Erxl. *regn. an. p.* 274.
Mus Furunculus. Schreb. Säugth. T. 202.

Auffenthalt: Sibirien.

Sand= 7. Ziesel mit einem Schwanze, der ein Viertheil so lang ist,
als der Leib.

Mus arenarius. Pall. *Glir. p.* 265. *t.* 16 *A.*
Glis arenarius. Erxl. *regn. an. p.* 365.
Mus arenarius. Schreb. Säugth. T. 199.

Auffenthalt: am Irtis.

Hamster 8. Ziesel mit dünnhaarigen Schwanze, der ein Fünftheil so
lang ist als der Leib.

Circetus. Gesn. *quadrup. p.* 836.
Hamster. Klein nat. Ord. S. 59.
(Glis) Marmota Argentoratensis. Briss. *regn. an. p.* 166.
Le Hamster. Buff. *hift. nat. XIII. p.* 117. *t.* 14. *Suppl. III. p.* 183.
Mus Circetus. Linn. *fyft. nat. I. p.* 82.
German Marmot. Penn. *fyn. p.* 271.
Sulzer Naturgeschichte des Hamsters 1774. mit Kupf.
Glis Cricetus. Erxl. *regn. an. p.* 363.
Mus Cricetus. Pall. *Glir. p.* 83.
Mus Cricetus. Schreb. Säugth. T. 193.

3 der

β. der ſchwarze Hamſter.
Mus Cricetus niger. Schreb. Säugth. T. 198 B.
Auffenthalt: Deutſchland, Pohlen, und das ſüdliche Sibirien.

Zug = 9. Ziefel mit ſehr kurzen, zugeſpitzten, dickhaarigen Schwanze.
Mus Accedula. PALL. *Glir. p.* 257. *t.* 18 *A.*
Glis migratorius. ERXL. *regn. am. p.* 373.
Auffenthalt : das ſüdliche Sibirien.

Schlafloſer 10. Ziefel mit kurzen, abgeſtumpften, dünnhaarigen
Schwanze.
Mus phæus. PALL. *Glir. p.* 261. *t.* 15 *A.*
Mus phæus. Schreb. Säugth. T. 200.
Auffenthalt: um Aſtrakan.

Stumpfſchwanz 11. Ziefel mit dickhaarigen, abgeſtumpften Schwanze.
Mus fongarus. PALL. *Glir. p.* 269. *t.* 16 *B.*
Mus œconomus. ERXL. *regn. an. p.* 376.
Mus fongarus. Schreb. Säugth. T. 201.
Auffenthalt: am Irtis.

Haus=

Hauß = Mauß. *

Muſ. Arist. *hiſt. an. I. c. 1. VII. c. 37.* *
Mus. Plin. *hiſt. nat. VIII. c.57. ſ. H. 52. X. c. 45. ſ. H. 62. c. 65. ſ. H. 85. c. 37. ſ. H.*
    70. XVI. c. 6. ſ. H. 7. XX. c. 2. ſ. H. 4. und an andern Orten. *
Mus vulgaris. Plin. *X. c. 73. ſ. H. 94.* *
Muſculus. Plin. *hiſt. nat. VIII. c. 28. ſ. H. 47. XXVII. c. 7. ſ. H. 28. c. 4. ſ. H. 8.* *
Mus. Gesn. *quadr. p. 808* * mit einer guten Abbildung.
Mus domeſticus minor. Schwenkf. *teriotr. p. 113.*
Mus albus. Schwenkf. *theriotr. p. 114.*
Mus domeſticus minor. Aldrov. *digit. p. 417.* * mit einer ziemlich guten Ab=
    bildung.
Mus domeſticus minor albus. Aldrov. *digit. p. 417.* *
Mus domeſticus. Jonst. *quadr. p. 165.* *
Mures, Mäuſe. Jonst. *quadr. t. 66.* * *fig. mediocr.*
Eine Mauß. Gesn. Thierb. S. 260. * mit einer guten Abbildung.
Mus domeſticus minor. Sibb. *Scot. p. 12.*
Struve *Diſſ. de Muribus eorumque damnis. 1676.*
Mus domeſticus vulgaris ſeu minor. Raji *ſyn. p. 218.* *
Mus albus domeſticus. Rzacz. *auct. p. 328.*
Mus domeſticus vulgaris ſeu minor. Sloan. *Jam. II. p. 330.*
The Houſe - mouſe. Brick. *North-Car. p. 131.*
Mus domeſticus. Linn. *ſyſt. nat. ed. 2. p. 46.* *
Mus cauda nudiuſcula, corpore cinereo - fuſco, abdomine ſubalbeſcente. Linn.
    ſu. ſuec. ed. 1. p. 11. *
Mus cauda nudiuſcula, corpore cinereo - fuſco, abdomine ſubalbeſcente. Linn.
    ſyſt. nat. ed 7. p. 10. *
Mus (Muſculus) cauda elongata, ſubnuda, palmis tetradactylis, plantis penta-
    dactylis, pollice mutico. Linn. *ſu. ſuec. ed. 2. p. 12.* *
Mus (Muſculus) cauda elongata, ſubnuda, palmis tetradactylis, plantis penta-
    dactylis. Linn. *ſyſt. nat. ed. 10. p. 62.*

F 3   Mus

Da es würde unnöthige Mühe geweſen ſeyn, alles was über die Mäuſe geſchrie=
ben iſt nachzuleſen, ſo habe ich diejenigen Schriftſteller, die ich ſelbſt dar=
über nachgeleſen habe mit einem * bezeichnet, die andern aber aus des Herrn
Eylebens regn. an. angeführt.

Mus (Musculus) cauda elongata, subnuda, palmis tetradactylis, plantis penta-
dactylis, pollice mutico. LINN. syst. nat. ed. 12. I. p. 83. *.
Huis - Muis. HOUTT. Nat. hist. II. p. 478.
Die Hausmaus. Müll. Linn. Nat. Syst. I. S. 349. *
Eine Maus. Meyer Thiere mit den Skeletten. I. Seit. 1. T. 1. * schlecht.
Mus minor. Musculus vulgaris domesticus. KLEIN quadr. p. 57. *
Maus. Klein nat. Ord. S. 60. *
Maus. Klein Klaff. S. 169. *
Mus cauda longa nudiuscula, ventre subalbido. The Mouse with a long and
almost naked tail, and a white belly. HILL. anim p. 517. *
La Souris. Mus cauda longissima, obscure cinereus, ventre subalbescente. So-
rex. BRISS. regn. an. p. 169. *
Mus cauda nudiuscula, corpore cinereo - fusco, abdomine subalbescente. KRAM.
Austr. p. 316.
Mus domesticus minor, cauda longa subnuda, corpore fusco - cinerascente, ab-
domine albicante. The Mouse. BROWN. Jam. p. 484.
Die kleine Hausmaus. Hall. Naturg. I. S. 431. *
La Souris. BUFF. hist. nat. VII. p. 309. t. 39. Suppl. III. p. 181. t. 30. * mit
mittelmässigen Abbildungen.
Die Maus. Allg. Hist. der Nat. Th. 4. B. 1. S. 176. T. 39. * mittelmässig.
Die Maus. Mart. Büff. Naturg. Vierf. IV. S. 239. T. 70. * mittelmässig.
Souris. Dict. des anim. IV. p. 226.
Mus cauda longissima, obscure cinereus, ventre albescente. GRONOV, Zooph. I.
p. 4.
Lille Muus. PONTOPP. Dan. I. p. 612.
Die Mäuse. Pontopp. Norweg. II. p. 56. *
The common. Mouse. Britt. Zool: fol. p. 302. * 8vo. I. p. 105. *
Souris. BOM. Diction. IV. p. 253.
Mus Musculus. FORSTER: Philos. Transf. LVII. p. 343.
Mouse - Rat. PENN. syn. p. 302. *
Topo. ALESS. quadr. II. t. 77.
Mus domesticus. FORSKÅL Fn. p. 4.
Mus (Musculus) cauda elongata subnuda, palmis tetradactylis, plantis penta-
dactylis, pollice mutico. MÜLL. Zool. Dan. prodr. p. 5.
Mus (Musculus) cauda elongata, palmis tetradactylis, absque unguiculo polli-
cari, corpore griseo. ERXL. regn. an. p. 391. *.

Mus

Mus (Musculus. Die Hausmaus) cauda elongata, palmis tetradactylis, pollice palmarum mutico. Blumenb. Handb. *I. p.* 84. *

Die Hausmaus. Leske Naturg. *I. p.* 167. *

Mus (Musculus) cauda longissima, squamosa, corpore fusco, subtus cinerascente. Pall. *Glir. p.* 95. *

* Die Hausmaus. Mus Musculus. Schreb. Säugth. S. 654. T. 181. *

Mus (Musculus) cauda elongata, palmis tetradactylis, absque unguiculo pollicari, corpore griseo. Die Maus. Gatterer brev. Zool. I. p. 108.

Hebräisch, Achbar. Arabisch, Raknon oder Pharon. Griechisch, Mys. lateinisch, Mus, Musculus. Deutsch, Maus. Italiänisch, Topo, Sorice. Spanisch, Raton, Rata. Portugisisch, Ratinho. Französisch, Souris. Cambrensisch, Llygoden. Holländisch, Muis. Englisch, Mouse. Irrländisch, Luc. Dänisch, Lille Muus. Norwegisch, Huus-Muus. Schwedisch, Mus. Russisch, Mysch, Domaschnaja Mysch. Pohlnisch, Myss. Estnisch, Hyr. lettisch, Pelle. Ungarisch, Eger. Türkisch, Sötzlchan. Bey den Casanesischen Tartarn, Tskan. Bey den Tartarn am Oby, Kuska. Bey den Tschatzenfischen Tartarn, Zyzkan. Tschermissisch, Kaljä. Tschuwaschisch, Schüschi. Wotiakisch, Schir. Morduanische Tschar. Permisch, Schir. Sirjanisch, Schür. Koptisch, Far. Hottentottisch, Houri. Kalmükisch, Chalguna. Bucharisch, Satschkan. Bey den Tomenfischen Ostiaken, Tawa. Bey den janiseischen Ostiaken, Uuta. Tungusisch, Kitrikon. Assanesisch, Juda. Finnisch, Pen-rotta. Grusisch, Tagui.

Cogitato, pusillus mus quam sit sapiens bestia,
Aetatem qui vni cubiculo nunquam committit suam;
Quod, si vnum oftium obsideatur, aliud perfugium quærit.
Plautus.

Diese kleinen Thierchen sind in der alten Welt zu Hause und haben sich von da aus durch ganz Amerika verbreitet, und nur der äusserste Norden ernährt sie nicht. Sie leben in den Wohnungen der Menschen, in Eichenwäldern, unter hohlen Bäumen, unter der Erde, oder in Schlupfwinkeln. Sie suchen stets die Nachbarschaft von Dörfern oder Häusern, um sich bey ihren Bewohnern zu Gaste zu bitten, und dieses thun sie oft auf eine ganz unverschämte Weise.

Si,

Sie verzehren nicht allein ihren Vorrath von Speisen, beson=
ders Korn, Früchte, Zwiebeln, Fleisch, und andre fette Sachen,
sondern ihre ausserordentliche Gefräſſigkeit macht ſich ſelbſt an alles,
was ſie nur beiſſen können, als Holz, Kleidung, Bücher, ja ſogar
das Bley verſchonen ſie nicht, und wenn wir Theophraſts Zeug=
niſſe glauben dürfen, ſo benagen ſie ſogar aus Hunger das Eiſen.
a.) Sie ſammeln ſich auch Vorrath von allerhand Speiſen auf dem
Winter; die ſie ohne Zweifel geſellſchaftlich zuſammentragen, und
auf das liſtigſte zu verſtecken wiſſen. b.) Ob ſie gleich ſo gefräſſig
ſind, ſo trinken ſie doch niemahls, c.) ſondern ſcheuen vielmehr das
Waſſer, und eine, nur wenig Augenblicke untergetauchte Maus,
ſtirbt bald nachdem ſie herausgezogen iſt. Inzwiſchen putzen ſie ſich
doch gern damit, aber ſo, daß ſie nur die Pfötchen und Naſe hin=
eintunken. Sie ſind überhaupt ausserordentlich reinliche Thierchen:
ſie lecken einander, und ſich ſelbſt, indem ſie auf den Hinterfüſſen ſitzen,
und Bruſt und Pfötchen lecken, und ſich damit putzen. In eben
dieſer Stellung freſſen ſie auch gern. d.)

Die Mäuſe gehen gewöhnlich des Nachts ihren Geſchäften
nach, und ſchlafen bey Tage. Dieſes thun ſie aber nur, wie ich
häufig bemerkt habe, in Häuſern, wo ſie des Tages durch das Ge=
wühl geſtört werden; wo dieſes nicht iſt, laufen ſie auch bey hellen
Sonnen=

a.) Theophraſtus auctor eſt, in Gyaro inſula, cum incolas fugaſſent,
ferrum quoque roſiſſe eos. PLIN. hiſt. nat. VIII. c. 57. f. H. 82. vergl. SENEC.
Caf. Aπоx. p. 812.

b.) Einige artige Beyſpiele hievon findet man beym Herrn Schreb.
Säugth. S. 656.

c.) Sonderbar iſt es, daß Ariſtoteles und Plinius doch die Art
und Weiſe beſchreiben wie ſie trinken: πινει δε των ζωαν τα μεν καρχαροδοντα
λαπτονται, ενιοι δε των μη καρχαροδοντων, εἰον οἱ μυες. ARIST. hiſt. an.
VIII. c. 6. PLIN. hiſt. nat. X. c. 73. f. H. 94.

d.) Ich habe eine Maus in dieſer Stellung auf der erſten Tafel ab=
gezeichnet.

Sonnenschein umher, und diejenigen, welche ich, um ihre Lebens=
art genauer zu beobachten, in einem Behälter bewahrte, schliefen
des Nachts, so wohl weisse als gemeine. Sie sind schnell und leb=
haft, aber ohne alle Waffen, und daher äusserst furchtsame, und
doch zugleich neugierige Geschöpfchen: das geringste Geklimper macht
sie aufmerksam, oder es treibt sie vielmehr die Furcht aus ihren Lö=
chern hervor, um zu sehen, ob auch Gefahr vorhanden sey: denn
daß sie sich, wie Linné behauptet, e.) nach der Musik ziehen soll=
ten, ist mir sehr unwahrscheinlich.

Plinius f.) behauptet, und mit ihm Linné, daß die
Mäuse sich nicht zähmen liessen; ich habe aber doch Mäuse an Ket=
ten gesehen, die so kirre waren, daß sie mit sich spielen, und sich strei=
cheln liessen. Sie liefen an ihren Herrn hinauf, leckten ihn, und be=
gaben sich auf seinen Befehl in ihr Häuschen. Ich selbst habe so
wohl gemeine als weisse Mäuse besessen, die so zahm waren daß sie
aus der Hand fraßen, ob es ihnen gleich nicht an überflüssigen Fut=
ter fehlte. g.)

Die Mäuse halten zwar keinen Winterschlaf, wie viele andre
ihnen verwandte Thierchen, sie sind aber ausserordentlich frostig, und
zittern für Kälte bey einem schon ziemlich hohen Grade der Wärme.
Pallas h.) hat bemerkt, daß sie, ob sie gleich im Winter herum=
laufen,

e.) Delectatur musica. LINN. syst. nat. I. p. 83.

f.) — — esse indociles, e terrestribus, mures. PLIN. hist. nat. X. c. 45.
s. H. 62. vix incarcerandus. LINN. loc. cit.

g.) Dasselbe beweist auch ein von Herrn Hofrath Schreber angeführtes
Beispiel. „Es ist mir ein Beispiel bekannt, sagt er Seite 655, daß eine
„Maus sich täglich zu gewissen Stunden vor dem Tische ihres Wohlthäters ein=
„fand, und so lange wartete, bis sie etwas weniges Speise bekam, woran sie
„sich sättigte, und sodann wieder fortlief.„

h.) Mus domesticus minor, s. Musculus, media hyeme in domibus &
promtuariis, etiam frigidis, vagatur, summo tamen regnante gelu vix appa-
ret

laufen, dennoch bey strenger Kälte sich selten sehen lassen, und daß eine weisse Maus, die er besaß, einschlief, wann sie nur Eine Stunde der freyen Luft ausgesetzt war, die noch nicht die Kälte des Gefrierens erreicht hatte.

Ihre Vermehrung ist so erstaunlich, daß die Alten, um sie sich zu erklären, zu allerhand sonderbaren Vorstellungen ihre Zuflucht nahmen. Bald wollte man in einer trächtigen Maus schon schwangere Jungen gesehen haben, bald sollte blosses Lecken, bald gefreßnes Salz zu ihrer Befruchtung hinreichen. i) Aber wenn man nur auf ihre kurze Tragezeit, und die grosse Anzahl ihrer Jungen Acht giebt, so wird man finden, daß ihre Vermehrung, auch ohne übernatürliche Mittel ganz ausserordentlich sey. Sie werfen monathlich vom Februar bis im November fünf bis neun, am gewöhnlichsten sechs bis sieben Jungen, und Pallas k) hat sogar im December Junge und trächtige Mütter gefunden. Sie bauen sich ordentliche Nester von Stroh, Heu, Wolle, Papier, Holzspähnen u. s. w., das sich

ret. Et hoc de vulgari seu naturali intelligendum: contra murem candidissimum, oculis corallinis insignem hoc proximo elapso autumno Petropoli in conclaui clausum habui, qui quoties vsque aëri, etiam non ad glaciem vsque frigenti per horam exponebatur, obtorpuit, vix sensum prodens, calidoque reddita, pandiculatione & oscitatione multiplici præuia, restituebatur. Erat tamen vulgaris speciei varietas. PALL. Glir. p. 328. nota b.

i) Η δε των μυων γενεσις θαυμασιοτατη περι τα αλλα ζωα εστι, τω πληθει και τω ταχει ηδε γαρ ποδε απολειφθεισης της θηλειας κυουσης εν αγγειω κεγχρου μετ᾽ ολιγον χρονον ανοιχθεντος, εφανησαν εκατον και εικοσι μυες — της δε περσικης εν τινι τοπω ανασχιζομενων των εμβρυων τα θηλεα οιον κυοντα φαινεται φασι δε τινες, και διασχυριζονται, οτι αν αλα λειχωσιν ανευ οχειας γινεσθαι εγκυους. ARIST. hist. an. VI. c. 37. Generatio eorum lambendo constare, non coitu, dicitur; ex vna genitos CXX prodiderunt: apud Persas vero prægnantes & in ventre parentis repertos. Ex salis gustatu fieri prægnantes opinantur. PLIN. hist. nat. X. c. 65. f. H. 85.

k) Videtur omni anni tempore generare. Sub finem Decembris sæpe & adultiores, pullos & matres gravidas in eodem loco obseruaui. PALL. Glir. p. 95.

sich zwar nach der Beschaffenheit ihres Lagers in seiner Gestalt rich=
tet, gewöhnlich aber einem oben ofnen Vogelneste ähnlich, aber lange
nicht so künstlich gebaut ist. Hierinn werfen und erziehen sie ihre
Jungen, welche die Mutter 14 Tage trägt, und eben so lange säugt:
Hernach müssen sie selbst ihre Nahrung suchen, und in zwey bis drey
Monathen sind sie völlig ausgewachsen und zur Brunst tüchtig. Nach
dem mittleren Verhältniß dieser Vermehrung kommen daher von ei=
nem Paar Mäuse jährlich 3480 Jungen.

Bey dieser starken Vermehrung, und der schon vorhandnen
grossen Menge dieser Thierchen, würde die Erde bald unbewohnbar
seyn, wenn nicht eine hinlängliche Anzahl von Feinden derselben Ein=
halt thäte. Sie sind eine gewöhnliche Nahrung der Katzen, Igel,
Wiesel und vieler Raubvögel, nicht einmahl die Ratzen verschonen
diese ihnen so nahe verwandten Geschöpfe. Der Mensch bedient
sich nicht nur der List und der Gewalt, der Fällen und des Giftes,
1) diese unverschämten Gäste zu vertilgen, sondern er ruft auch noch
verschiedne ihrer Feinde, die Katze, den Igel, und zu Zeiten auch den
Hund wieder sie zu Hülfe.

Noch ein kleiner, minder gefährlicher Feind beunruhiget die
Mäuse, nehmlich eine kleine Art von Milben, die sie oft in grosser
Anzahl bedecket.

Sonderbar ist es, daß viele Menschen einen gleichsam na=
türlichen Abscheu gegen diese allerliebste Thierchen hegen, und ich weiß
fast keine Ursache anzugeben, deren Wirkung er seyn sollte. Ist
es der Schrecken, der bey manchen durch den unerwarteten, plötzlichen
Anblick eines flüchtigen lebenden Geschöpfs entsteht? Ist es der un=
gebetne, unangenehme Besuch, den diese kleinen Gäste in Betten
und Speisekammern ablegen? oder bringt die heftige Verfolgung die=

1) Die vorzüglichsten Gifte die den Mäusen schädlich sind, sind, Arsenik, alle Arten
der Nieswurz, und gestoßenes Glas in Mehlkügelchen geknetet.

ses Thiers einen so sonderbaren Eindruck hervor? Vielleicht haben alle drey Ursachen einen Antheil daran, mir scheinet die erste das meh=reste dazu beyzutragen.

Im Juli 1780 sahe ich eine ungewöhnliche Erscheinung an zwey jungen Mäusen, die ich in Einem Behälter bewahrte. Sie waren nemlich mit den Schwänzen so sehr verwickelt, daß es keine Möglichkeit war, sie von einander zu trennen, und die Schwänze schienen verwachsen zu seyn. Einige Abhaltungen verhinderten mich diesen Mäusekönig einige Tage hindurch zu untersuchen, und abzu=zeichnen, und darauf fand ich, daß der Schwanz der einen abgefault, und die Maus selbst gestorben war, der Schwanz der andern aber war sehr beschädigt.

Beschreibung der äussern Theile
der Haus = Maus.

Taf. 1.

Diese bekannten Thierchen sind den Ratzen so ähnlich, daß es, sie von diesen zu unterscheiden, mehr Mühe kostet, als den Hasen vom Kaninchen durch bestimmte Kennzeichen zu trennen. Der gemeine Mann, der sonst nach dem Ansehn und Verhältniß des Ganzen oft am richtigsten, ohne angeben zu können: wie? Thiere kennt und be=stimmt, und richtiger wie der Naturforscher, der Farben zu Unter=scheidungskennzeichen annimmt, unterscheidet sie bloß an ihrer Grö=ße, die doch ein trügliches, oft zufälliges Kennzeichen ist. Viele der größten Naturforscher haben sich oft vergebens bemüht sichere Unter=
scheidungs=

ſcheidungsmerkmahle anzugeben, und faſt alle ſind in der Angabe der=
ſelben ſtreitig. In verſchiednen Ausgaben ſeines Naturſyſtems, und
der erſten der Fauna Suecica nimmt Linné (und Briſſon und an=
dre ſind ihm hierin gefolgt) von der Farbe ſeine Beſtimmung her, die
aber bey der weiſſen Verſchiedenheit beyder Arten keinen Platz mehr
findet. Richtiger aber und zuverläſſig iſt ſeine Beſtimmung in den
folgenden Ausgaben, wo der fehlende Daumnagel das unterſcheiden=
de Kennzeichen iſt, und Blumenbach und Erxleben ſind ihm
mit Recht hierinn gefolgt. Schreber ſchreibt zwar den Mäuſen ei=
nen Daumnagel zu, aber ich habe ihn, da ich ihn ſelbſt einmahl durchs
Anfühlen zu bemerken glaubte, ſelbſt durchs Vergröſſerungsglas nicht
entdecken können. Daß ich aber bey einer Ratze keinen Daumnagel
entdeckte, iſt kein Beweis gegen dieſes Kennzeichen, denn vermuth=
lich war dieſe Ratze eine ſeltne Ausnahme. Es ſind noch mehrere
Kennzeichen da, die beyde Arten unterſcheiden, und die ich bey Be=
trachtung der einzelnen Theile näher zu unterſuchen Gelegenheit haben
werde.

Der Kopf iſt ſehr groß, und verhältnißmäßig gröſſer wie bey der Ratze,
aber ſchmähler. Die Schnauze iſt zugeſpitzt, und die Oberfläche der Stirn
und Naſe rund.

Das Maul iſt klein und liegt tief unter der Naſe. Die Oberleſze iſt
weit länger wie die untere, und mit einem ſtarcken Schart verſehn. Dis ver=
urſachet, daß die Zähne faſt ganz bloß liegen.

Die Naſe iſt lang und zugeſpitzt. Die Naſenlöcher ſehr klein und halb=
mondförmig. Sie ſind unten näher zuſammen, wie oben. Die Naſe iſt faſt
nackt, und noch durch den Schart getheilt.

Die Bartbaare ſitzen in drey Reihen um das Maul, deren jede aus
ſechs Haaren beſteht; ſie ſind ſehr lang und weit länger wie bey der Ratze, denn
ſie übertreffen um die Hälfte die Länge des Kopfes. Ueberdem befindet ſich noch
über den Augen und auf den Backen eine feine Borſte.

Die Augen ſind überaus groß und helle, und ihre Oefnung iſt faſt zir=
kelrund, ſie liegen weit aus dem Kopfe hervor.

Die Ohren sind groß, fast ganz rund und nackt, und nur mit sehr dünnen kurzen Haaren an der Spitze bedeckt: An den Seiten sind sie zusammengerollt und durchsichtig. Der Gehörgang steht überausweit offen.

Der Hals ist sehr kurz und dicke, und fast gar nicht vom Rumpfe zu unterscheiden.

Der Leib ist zwar, wenn sie sich ausdehnen noch so ziemlich lang, aber im geringsten nicht geschlank, und fast überall gleich dick. Sie haben ein ziemlich dickes, langes, seidenartigglänzendes, weiches Haar, das sehr glatt anliegt. Bey dem Männchen konnte ich keine Zitzen entdecken, und selbst mit Mühe bey den nicht trächtigen Weibchen. Das Weibchen hat sechs Zitzen an der Brust, und vier am Bauche. Sie liegen alle stark zur Seite, und das erste Paar der Brustzitzen beynahe unter den Achseln, und das letzte der Bauchzitzen fast in der Gegend der Schaam. Zwischen den Bauch- und Brustzitzen ist ein ziemlich starker Zwischenraum.

Die Vorderbeine sind dünnbehaart, und in Vergleichung weit kürzer wie bey der Ratze. Die Füsse sind sehr klein, und fast ganz nackt. Sie haben vier Finger und einen Daum, (Taf. 2. Fig. 2 a) der aber nicht wie bey den Ratzen mit einem Nagel versehn ist. Der äussere Finger ist der kürzeste, der innere hingegen von den mittleren der längste. Die Nägel sind sehr scharf, und beynahe ganz in den wenigen Härchen, die sich an der Spitze der Finger befinden, versteckt. Die Füsse sind unten ganz nackt, und mit einer harschen Haut überzogen, die an der Wurzel der Hand zwey kleine Bällchen (bb) und eben so viel an der Wurzel der Finger bildet. (cc)

Die Hinterbeine sind ziemlich lang und stark, so daß die Mäuse ohne Stütze eine hinlängliche Zeit darauf stehen können. Die Füsse sind groß, und wie die vorderen dünnbehaart. Sie sind mit fünf Zähen versehen, deren drey mittlere sehr lang, der äussere welcher sich wie ein Daum bewegt, kürzer, und der innere der kürzeste ist. Die Nägel sind wie an den Vorderfüßen beschaffen; auch ist der Fuß unten mit einer ähnlichen Haut, und ähnlichen Ballen versehn, wovon zwey gegen die Mittelfinger, einer hinter jeden der äussern Finger, und zwey weiter zurück liegen.

Die

Die Ruthe ist äusserlich kurz, mit einer großen Vorhaut versehn. Die Hoden liegen, ausser zur Begattungszeit, im Leibe, daher nimmt man äusserlich keinen Hodensack wahr.

Die Mutter liegt stark hervor, und hat äusserlich, wegen des grossen Kißlers, die Gestalt des männlichen Gliedes. Männchen und Weibchen sind daher von aussen fast gar nicht zu unterscheiden.

Der After liegt grade in der Mitte zwischen den Zeugungsgliedern und dem Schwanze.

Der Schwanz ist so lang wie der Körper, rund, an der Wurzel etwas platt gedrückt und fast nackt. Er ist mit viereckten Schuppen bedeckt, die ohngefähr 180 Ringe um ihn bilden, zwischen deren Fugen sich wenige kurze Haare, aber unten mehr wie oben befinden.

Farbe.

α Der Fahlen. Die Augen sind sehr groß, schwarz und klar. Die Barthaare sind schwarz. Der obere Theil des Kopfes, der Rücken und die äussere Seite der Beine ist hellbraun, mit schwarzen Spitzen der Haare, und lichtgrauen Grunde. Die Kehle, der Bauch, und die innere Seite der Beine, ist weißlich=aschgrau. Die Nase ist fast nackt und röthlich. Das Maul und die Spitzen der Zähen sind mit weissen Haaren bedeckt. Die Füsse und der Schwanz sind fast nackt, und nur mit wenigen dunkelgrauen Haaren besetzt. Zu Zeiten ist die Farbe etwas heller, zu Zeiten etwas dunkler, am seltensten scheckigt.

β Der Weissen. Die Augen sind dunkelzinnoberroth, die Ohren sind ganz nackt, gelblich weiß, und ungemein durchsichtig. Nase, Schwanz und Füsse, fleischfarben und die letzten mit dünnen weissen Haaren, wie der ganze Körper mit weissen Haaren, bedeckt. Zu Zeiten sind die Augen ganz licht roth. Die Exemplare des Herrn Prof. Blumenbach, r) deren er Erwähnung thut, scheinen bey Tage fast gänzlich des Gebrauchs ihrer Augen beraubt gewesen zu seyn. Aber verschiedne, die ich gesehn habe, überzeugen mich vom

Gegen=

r) Blumenb. Naturg. p. 84. de gen. hum. variet. p. 80.

Gegentheil. Nur im Sonnenschein verkleinern sich ihre Augen sehr, und in einer Entfernung über zwey Fuß, scheint ihr Gesicht sehr schwach zu seyn. Es scheint als wenn sie in den nördlichen Gegenden von Europa seltner sey, als wie in den gemäßigtern, s) in Deutschland wenigstens ist sie in vielen Gegenden, und da wo sie sich einmahl eingenistet hat, häufig. Schon die Alten kannten sie. t)

Gewicht .... ½ bis ¾ Unzen.

Maaße.

Länge von der Nase bis zur Schwanzspitze	—	—	6: 3: 0.
— — — bis zum After	—	—	3: 2: 0.
Länge des Kopfs von der Nase bis zum Hinterkopfe	—	—	1: 0: 0.
Von der Nase bis zum Augenwinkel	—	—	0: 5: 5.
— — — bis zur Ohren Wurzel	—	—	0: 9: 8.
Nasenlöcher lang	—	—	0: 0: 7.
Entfernung derselben von oben	—	—	0: 0: 8.
— — — von unten	—	—	0: 0: 4.
Mundesöfnung	—	—	0: 3: 0.
Von der Spitze der Nase bis zur Unterlefze	—	—	0: 3: 5.
Von der Spitze der Nase bis zum Halse von unten	—	—	0: 9: 0.
Von der Unterlefze bis zum Halse	—	—	0: 7: 0.
Schnurrbartshaare	—	—	1: 2: 0.
Länge der Augen	—	—	0: 2: 0.
Oefnung derselben	—	—	0: 1: 5.
Entfernung der großen Augenwinkel in grader Linie	—	—	0: 3: 4.
— — über die Stirn	—	—	0: 4: 0.
Entfernung der kleinen Augenwinkel in grader Linie	—	—	0: 5: 0.
— — über die Stirn	—	—	0: 6: 5.
Entfernung derselben von den Ohren	—	—	0: 4: 0.

Ohren

s) Varietas alba in Westrobothnia rarius occurrit. Linn. syst. nat. I. p. 83. Die weisse Maus mit rothen Augen, eine besondere Art hat man in der kleinen Stadt Molle in Romsdalen gefunden. Pontopp. Norw. Th. 2. p. 57.

r) Mures candidi. Plin. hist. nat. VIII. c. 57. s. H. 82.

Ohren lang von vorne	—	—	—	0:	6:	8.
— — von hinten	—	—	—	0:	5:	2.
— breit	—	—	—	0:	5:	0.
Höhe des Gehörganges	—	—	—	0:	3:	0.
Entfernung der Ohren von innen	—	—	—	0:	5:	0.
— — in der Mitte	—	—	—	0:	8:	0.
— — von auffen	—	—	—	1:	1:	0.
Umfang des Kopfs über die Nafe	—	—	—	0:	8:	8.
— — über die Stirn	—	—	—	1:	7.	0.
Hals lang	—	—	—	0:	3:	5.
Umfang deffelben	—	—	—	1:	4:	0.
Vom Nacken bis zu den Schultern	—	—	—	0:	3:	0.
Vorderbeine. Von den Schultern bis zu der Spitze der Finger	—	1:	0:	0.
Von den Schultern bis zum Ellbogen	—	—	—	0:	5:	0.
Vom Ellbogen bis zur Handwurzel	—	—	—	0:	5:	0.
Von der Handwurzel bis zur Spitze der Finger	—	—	0:	3:	0.
— — bis zur Wurzel der Finger	—	—	0:	1:	3.
Umfang des Arms beym Ellbogen	—	—	—	0:	9:	0.
Umfang der Handwurzel	—	—	—	0:	2:	5.
Umfang der Hand	—	—	—	0:	3:	0.
Finger; die beyden mittlern (der innere etwas länger)	—	0:	2:	6.
— — Nagel	—	—	—	0:	0:	6.
— — innerer	—	—	—	0:	1:	4.
Nagel	—	—	—	0:	0:	5.
— — äufferer	—	—	—	0:	1	8.
Nagel	—	—	—	0:	0:	3.
— — Daum	—	—	—	0:	0:	6.
Umfang der Bruft	—	—	—	2:	2:	0.
— — des Bauches	—	—	—	2.	0:	0.
Hinterbeine. Vom Kreuz bis zur Spitze der Zähen	—	1:	8:	0.
Von Kreuz bis an das Knie	—	—	—	0:	6:	0.
Von Knie bis an die Ferfe	—	—	—	0:	7:	5.
Von der Ferfe bis zur Spitze der Zähen	—	—	0:	8:	0.
— — bis zur Wurzel der Zähen	—	—	0:	5:	0.
— — bis zur Wurzel des Daums	—	—	0:	2:	5.
— — bis zur Wurzel des äufferften Zähens	—	0:	3:	5.

H

Umfang des Hinterbeins — — —	0: 5: 5.
Breite der Ferse — — —	0: 1. 3.
Umfang des Fusses — — —	0: 3: 8.
Zähe; innerer mit dem Nagel — —	0: 1: 8.
Nagel — — —	0: 0: 4.
— zweyter — —	0: 2: 8.
Nagel — —	0: 0: 8.
— mittler — — —	0: 3: 0.
Nagel — —	0: 0. 7.
— äusserer — —	0: 2: 0.
Nagel — —	0: 0: 4.
Länge der Ruthe — — —	0: 1 6.
Länge des Kitzlers — —	0: 1: 2.
Von den Zeugungsgliedern bis zum After	0: 1: 7.
Von dem After bis zum Schwanze — —	0: 1: 7.
Länge des Schwanzes — —	3: 1: 0.
Umfang des Schwanzes an der Wurzel — —	0: 5: 5.

Zergliedrung.

Das Gerippe

Taf. 2. Fig. 10.

Das Gerippe der Maus hat mit dem Gerippe der Ratze eine grosse Aehnlichkeit. Ihre Knochen sind ausserordentlich dünne, und viele sogar durchsichtig.

Der Kopf ist sehr lang und platt. Das Stirnbein besteht aus zwey Knochen, die in der Mitte durch eine wahre Nath getheilt sind. Die Nasenknochen sind ausserordentlich lang und bey alten Mäusen ganz mit dem obern Kiefer verwachsen. Das Jochbein ist ausserordentlich gross und stark, und steht weit vom Kopfe ab. Das

Fels-

Felsbein steht mit dem Schlafbeine in gar keine Verbindung. Der
Hammer hat eine ganz ungewöhnliche Gestalt: der kleinste oder Ra-
bianische Fortsatz desselben ist nehmlich so groß, daß der Hammer einem
Kartenherzen, mit einem langen Fortsatze an der Spitze ähnlich sieht.
Bey dem Amboß ist der längere Schenkel fast noch einmal so groß
wie der kleinere, und der Kopf sehr klein und schmahl. Der Steich=
biegel ist fast dreyeckt. Das Hinterhauptsbein besteht aus zwey
Knochen, die durch eine wahre Nath getrennt werden, dicht hinter
den Scheitelbeinen liegt ein länglicht viereckter Knochen, der an den
Seiten ganz vom Hinterhauptbeine eingeschlossen wird, mit dem es an
den Seiten durch eine zackige, an dem hintern Theile durch eine fal=
sche Nath verbunden wird. (Taf. 2. Fig. 11. a.) Das eigentliche
Hinterhauptsbein (Fig. 11. b.) bildet seiner Krümmung nach einen fast rechten Winkel, der sich schon einem spitzen Winkel nähert.
Seine unterste Spitze ist sehr lang, und die Rückenmarkshöhle auf=
serordentlich groß.

Der untere Kiefer (Fig. 12.) ist so wie bey andern Nagern
beschaffen. Er ist fast ganz allein eine Scheide für die Zähne. Die
Wurzel des Schneidezahns nimmt fast seine ganze Länge ein, und
liegt in einer, selbst von aussen deutlich zu bemerkenden Scheide.
Die Backenzähne stehn nicht wie bey andern Säugthieren an der
Oberfläche des untern Kiefers, sondern in einer graden Linie an der
einen Seite desselben.

Die Zähne sind ausserordentlich groß und stark. Die obern
Schneidezähne (Fig. 13.) sind vorn dunkelgelb, etwas krumgebo=
gen, und bilden nach aussen eine kleine Spitze. Ihre Wurzel ist ganz
einfach, und erstreckt sich sehr weit in den obern Kiefer unter die Nase
hinunter, und hat, mit dem hervorstehenden Theile eine völlig halb=
mondförmige Gestalt. Die untern Schneidezähne (Fig. 14.) sind
weit länger wie die obern, sie ragen weit hervor, sind vorn gelb,
krummgebogen, cylindrisch, und an der Schneide durch eine schiefe

Ecke

Ecke zugespitzt. Sie erstrecken sich mit ihrer ebenfalls einfachen Wurzel noch weit tiefer in den untern Kiefer wie die obern, sind aber nicht
so krumm, und bilden mit dem hervorragenden Theile des Zahns etwa
einen viertel Abschnitt eines Zirkels. Die Mäuse haben oben und
unten drey Backenzähne. Meyer m) irret also, wenn er ihnen
vier zuschreibt: ein Irrthum, den man um so viel leichter begeht, da
der erste Backenzahn (Fig. 15.) beym ersten Anblick getheilt zu seyn
scheint, und so breit ist, wie die beyden andern zusammengenommen.
Seine Krone hat sechs Spitzen, und die Wurzel drey Zacken. Der
zweyte Backenzahn hat eine vierfache Krone und eine zweyfache Wurzel. Bey dem letzten ist die Krone zwar auch durch ein Kreutz getheilt,
und hat eine kleine Vertiefung in der Mitten, diese ist aber so schwach,
daß er vielmehr linsenförmig zu seyn scheint: seine Wurzel ist mit
zwey Zacken versehn.

Der Hals besteht aus sieben Wirbeln, von denen der Träger der größte ist. Er hat fünf Fortsätze. Einen ziemlich langen
Fortsatz an seiner untern Fläche, und zwey kleinere an jeder Seite
neben einander, in deren Mitte und über derselben sich zwey grosse
Löcher zum Durchgange der Nerven und Blutgefässe befinden. Bey
allen übrigen Wirbeln habe ich an jeder Seite nur Ein Loch entdeckt.
Der Drehwirbel hat oben einen sehr langen zurückgebognen Fortsatz, und bildet, so wie die übrigen Halswirbel an der Seite eine
scharfe Ecke, und etwas unter derselben einen langen horizontellen Fortsatz. Die übrigen fünf Halswirbel haben keinen fernern Fortsatz,
den vorletzten ausgenommen, der an seiner untern Fläche zwey schief
zurückliegende Fortsätze hat.

Der Rücken besteht aus 13 Wirbelbeinen, wovon das erste
mit Recht zu den Halswirbeln könnte gezählet werden, da es völlig mit
ihnen von einerley Gestalt ist. Das zweyte hat einen spitzen Dornfortsatz an seiner obern Fläche; es ist ausserordentlich schmahl wie die
Hals=

m) Meyer Thiere mit ihren Skeletten I. p. L.

Halswirbel, und hat nur ganz kleine Fortsätze an der Seite. Von den übrigen Rückenwirbeln sind die ersten sehr flach, ihre Höhe steigt aber allmählig, und die letzten bilden fast regelmäßige Vierecke, mit einem kleinen Fortsatz in der Mitte der Seitenflächen. Ihr Dornfortsatz und übrige Fortsätze sind aber so klein, daß man sie kaum für Fortsätze gelten lassen kann.

Die sieben Lendenwirbel haben fast dieselbe Gestalt wie die letzten Rückenwirbel, nur wachsen der Dornfortsatz und die Seitenfortsätze bey ihnen immer mehr, je mehr sie sich dem Heiligenbeine nähern, und werden, besonders der erste, zuletzt sehr groß.

Das Heiligenbein (Fig. 17.) besteht aus drey Wirbeln, die mit sehr starken Dornfortsätzen versehn sind, denen zur Seiten sich zwey ähnliche, mehr vorwärts liegende, niedrigere Fortsätze befinden. Der erste dieser Wirbel, an dem das Becken befestiget ist, ist sehr stark und dick.

Die Maus, deren Zeichnung die erste Tafel vorstellt, hatte 27 Schwanzwirbel, am häufigsten haben sie 28, selten aber mehr oder weniger. Die vier ersten kann man ihres verschiedenen Baues wegen füglich von den andern trennen, und ich nenne sie daher zum Unterschiede Kukuksbeine, die andern eigentliche Schwanzwirbel. Die Kukuksbeine haben einen grossen Dornfortsatz und zwey Nebenfortsätze, in deren Mitte der Dornfortsatz sich befindet. Der Dornfortsatz ist fast viereckt, nur sind die beyden obern Spitzen desselben, besonders die hintere, verlängert. Die Nebenfortsätze sind fast von derselben Gestalt, nur niedriger, und die Spitzen derselben weit länger. Die Seitenfortsätze sind sehr lang, und nach vorn gekehrt. Die eigentlichen Schwanzwirbel sind wie bey den mehrsten vierfüßigen Thieren einfache, feste Knochen, mit starken Köpfen.

Die Rippen, deren sieben wahre und sechs falsche sind, wachsen, je mehr sie sich dem untern Theile der Brust nähern, und bilden dadurch eine fast kegelförmige Gestalt der Brusthöhle.

Das

Das Brustbein ist sehr stark, und der schwertförmige Fort=
satz desselben ausserordentlich lang, und an seinem Ende mit einer fast
kleeblattförmigen Erweiterung versehn.

Die Knochen der Vorderbeine sind ziemlich stark. Die
Schlüsselbeine (Fig. 16.) sind mittelmäßig, wenig gebogen, und
haben an ihren obern Seiten zwey Erhöhungen hinter einander. Die
Schulterblätter sind lang, die Erhabenheit (Spina) derselben ist sehr
hoch, und hat in ihrer größten Höhe eine stumpfe Ecke, von da aus
sie grade fortläuft, und sich in eine Schulterhöhe (Acromium) endigt,
die länger ist, als der Kopf des Schulterblattes. Das Achselbein
hat eine ganz sonderbare Gestalt. Die innre Seite ist scharf und en=
digt sich mit einer stumpfen Spitze am untern Kopfe. Die hintere
Seite hat eine scharfe Erhabenheit, die der des Schulterblattes ähn=
lich ist, ausser daß sie sich in keinen langen Fortsatz endigt. Das
Ellbogenbein sowohl als der Strahl sind sehr krum, und das erstere
etwas wellenförmig gebogen. Der Ellbogenfortsatz desselben ist sehr
groß, breit und stark. Der Kronfortsatz aber sehr klein, er ist oben
sehr stark, unten aber viel dünner, und der stielförmige Fortsatz fast
gar nicht erweitert. Der Strahl liegt nicht in der halbzirkelförmigen
Biegung des Ellbogenbeins, sondern schließt dicht an dem kronförmi=
gen Fortsatze desselben an, und hat einen ziemlich starken Kamm. Der
Strahl biegt sich weit stärker wie das Ellbogenbein, ist oben fast drey=
eckt, unten aber mehr plat gedrückt. Der untere Fortsatz ist sehr stark.

Die Maus hat sieben Vorhandsknochen, und überdem noch
einen achten, der dem Daumen gehört. Der Daum besteht nur aus
Einem Gliede, das ziemlich krumm gebogen ist, die Finger aber haben,
wie gewöhnlich, jeder ihren Handknochen und drey Glieder.

Das Becken (Fig. 18.) ist ausserordentlich lang, wie bey
allen Nagern. Das Darmbein (Os ilium) ist sehr lang und schmahl,
und hat an seiner obern Fläche einen erhabenen Strich, der grade
bis zum Hüftbein (Os ischium) fortläuft, und daselbst über die Pfanne
des

des Schenkelbeins eine kleine stumpfe Erhabenheit bildet. Das Hüftbein wird hernach sehr breit, und bildet mit dem schmahlen Schaambeine eine sehr grosse längliche Oefnung.

Die Hinterbeine bestehen aus den stärksten Knochen des ganzen Gerippes. Das Schenkelbein hat an seiner äussern Seite eine kleine stumpfe Erhabenheit. Das Schienbein hat die Gestalt eines langen lateinischen ſ. Ein Wadenbein ist gar nicht vorhanden, sondern statt dessen geht ein Fortsatz, der an dem Hintertheile der Biegung des Schienbeins entsteht, bis an dem obern Kopfe desselben. Das Hackenbein ist ausserordentlich groß. Das Springbein ist ebenfalls sehr groß, und hat die Gestalt eines runden Kegels. Die Fußknochen sind sehr lang. Der Fußknochen des Daumen ist weit stärker in die Höhe gerückt, wie die der übrigen Finger.

Maaße des Gerippes.

	'''	''''
Länge des ganzen Kopfes	9.	7.
Länge der Nasenknochen	3.	8.
Breite derselben	0.	4.
Länge der Stirnknochen	2.	5.
Größte Breite	2.	5.
Augenhöhle lang	2.	7.
Hoch	2.	2.
Entfernung des Jochbeins von der größten Tiefe der Augenhöhle	1.	8.
Der erste Hinterhauptknochen lang	1.	4.
Breit	3.	0.
Breite des wahren Hinterhauptbeins	3.	8.
Länge der Rückenmarksöfnung	1.	5.
Breite	1.	8.
Länge des Unterkiefers von der Spitze der Schneidezähne	4.	0.
Größte Höhe	2.	7.
Länge des hervorragenden Theils der obern Schneidezähne	1.	0.
Ganze Länge derselben mit der Wurzel nach ihrer Krümmung	4.	0.
Zwischenraum der Schneide= und Backenzähne	2.	5.

Höhe

Höhe des hervorragenden Theils der Backenzähne — — —	0. 2.
Länge der Wurzel , — — —	0. 4.
Länge des hervorragenden Theils der untern Schneidezähne —	1. 8.
Länge des Zahns mit der Wurzel nach seiner Krümmung —	5. 0.
Zwischenraum der Schneide= und Backenzähne — —	1. 5.
Länge des hervorragenden Theils der Backenzähne —	0. 3.
Länge der Wurzeln , — — —	0. 4.
Länge des Halses — — —	3. 0.
Breite des Trägers — — —	2. 5.
Ganze Höhe desselben — — —	2. 0.
Obere Länge desselben — —	0. 6.
Höhe seines Fortsatzes — —	0. 3.
Weite seiner Oefnung — — —	1. 5.
Breite des Wenders mit seinen Seitenfortsätzen — —	2. 3.
Höhe — — —	1. 3.
Breite des letzten Halswirbels — — —	2. 4.
Höhe in der Mitte — —	1. 3.
Länge der untern schiefen Fortsätze desselben — —	0. 8.
Weite der Rückgradsöfnung — —	1. 0.
Länge der sämtlichen Rückenwirbel —	8. 0.
Breite des ersten Rückenwirbels , — —	2. 0.
Höhe — — — —	1. 4.
Breite des zweyten Rückenwirbels — —	2. 0.
Höhe seines Fortsatzes — —	0. 8.
Breite des dritten Rückenwirbels —	1. 6.
Höhe desselben — — —	1. 0.
Breite des letzten Rückenwirbels — —	1. 5.
Länge desselben — — —	8. 0.
Höhe desselben — —	1. 0.
Höhe seines Dornfortsatzes — —	0. 2.
Weite seiner Oefnung — —	1. 0.
Länge der sämtlichen Lendenwirbel — —	7. 5.
Breite des ersten Lendenwirbels — —	1. 5.
Länge desselben — — —	1. 3.
Höhe — — —	1. 1.
Höhe seines Fortsatzes — — —	0. 2.
Weite seiner Oefnung — — —	1. 0.

Breite

Breite des letzten Lendenwirbels	—		—	1. 0.
Länge desselben ohne seinen Fortsatz	—			1. 4.
Höhe des Dornfortsatzes	—		—	0. 7.
Der obern Nebenfortsätze	—		—	0. 8.
Der kleinen Dornfortsätze	—		—	0. 6.
Der untern Fortsätze	—		—	1. 5.
Weite seiner Oefnung	—		—	0. 3.
Länge des ganzen Heiligenbeins	—	—	—	3. 3.
Breite	—		—	2. 1.
Höhe des ersten Dornfortsatzes	—		—	0. 5.
Höhe des ersten Nebenfortsatzes	—		—	0. 5.
Länge des ganzen Schwanzes	—		—	38. 0.
Länge des ersten Schwanzwirbels	—		.	1. 4
Des letzten	—	—	—	1. 0.
Länge der ersten wahren Rippe bis zum Knorpel.			—	2. 0.
— — bis zum Brustbeine			—	3. 0.
Länge der letzten wahren Rippe bis zum Knorpel.			—	7. 0.
— bis zum Brustbeine		—	—	10. 0.
Länge der letzten falschen Rippe bis zum Knorpel.				6. 0.
Von da bis zum Brustbeine.	—	—	—	4. 0.
Länge des ganzen Brustbeins	—		—	8. 5.
— des schwerdförmigen Fortsatzes desselben		—	—	4. 0.
Länge des ganzen Beckens	—		—	8. 0.
Zwischenraum der Darmbeine	—		—	3. 7.
Zwischenraum der Hüftbeine	—		—	2. 3.
Länge der eyrunden Oefnung	—		—	2. 2.
Breite	—		—	1. 0.
Länge des Hüftbeins	—	—	—	5. 0.
Größte Breite	—		—	0. 4.
Breite des Hüftbeins ~~Sarmbeins~~	—		—	1. 5.
Breite des Schaambeins	—		—	0. 8.
Länge des Ruthenbeins	—		—	1. 6.
Dicke seines hintersten Endes	—		—	0. 6.
Länge der Schlüsselbeine	—		—	2. 5.
Länge des untern Randes des Schulterblattes	—		—	4. 5.
Des obern Randes	—	—	—	3. 5.
Breite des Schulterblattes	—	—	—	3. 3.

Höhe des Fortsaßes	0. 8.
Länge der Schulterhöhe	1. 5.
Länge des Achselbeins	5. 0.
Höhe der Erhabenheit desselben	0. 8.
Länge des Ellbogenbeins	5. 8.
Länge des Ellbogens	0. 8.
Länge des Strahls	5. 0.
Länge der Handbeine	1. 5.
Länge des ersten Gliedes der Finger	1. 0.
Der beyden andern	1. 0.
Länge des Schenkelbeins	7. 0.
Länge des Schlüsselbeins	0. 7.
Breite desselben	0. 2.
Länge des Schienbeins	7. 0.
Entfernung des Wadenansaßes von dem Gliedansaße (condylus) des Hüftbeins	2. 5.
Länge des Wadenansaßes	4. 3.
Länge des Hackenbeins	1. 8.
Länge der sämmtlichen Vorfußbeine	4. 0.
Breite derselben	1. 0.
Länge der Fußbeine	3. 4.
Länge des ersten Zähengliedes	1. 7.
Länge des andern	1. 0.
Des dritten	0. 6.

Die weichen Theile.

Die Haut ist in Vergleichung der Grösse des Thierchens stark.

Die Muskeln des Unterleibes der Maus sind äusserst dünne, und so durchsichtig, daß man die Eingeweide deutlich dadurch erkennen kann: am Kopfe hingegen, dem Halse und den Beinen sind sie sehr stark. Das zelligte Gewebe ist ungemein dünne, und ohne alles Fett.

Das

Das Gehirn (Taf. 2. Fig. 1.) ist von dem Gehirne andrer Thiere in verschiednen Stücken verschieden. Das Hirn (Fig. 1. a. a.) besteht aus zwey grossen Lappen. Das erste Paar der Nerven, oder die Geruchnerven (Fig. 1. b.) bilden, wie gewöhnlich bey den Säugthieren, einen Fortsatz des Gehirns. Das Hirnlein verdient eine noch etwas grössere Aufmerksamkeit. Es besteht aus acht Lappen. Der erste (Fig. 1. c.) liegt dicht am Hirn ohne eine Theilung in der Mitte. Auf diesen folgen zwey Lappen (d. d.) die deutlich von einander getrennt sind; unter diesen beyden liegt der vierte (e.) von eben der Grösse wie der erste, diesen, und dem zweyten und dritten zur Seite liegen zwey grosse Lappen (f. f.), die stärker von der übrigen Masse des Hirnleins getrennt sind, wie die andern. Diese vier Lappen machen das eigentliche Hirnlein aus. Unter ihnen liegen aber noch zwey grosse Lappen, die vielmehr ein Fortsatz des Hirns, und schon der Anfang des Rückenmarks zu seyn scheinen.

Die Zunge ist lang, vorne schmahl, aber nach hinten zu breiter. In der Mitte ist eine ziemlich starke, deutlich abgeschnittne Erhöhung.

Am Halse befinden sich dicht unter der Haut zwey grosse Drüsen (Fig. 2. d.) die weiß von Farbe sind. Sie liegen mit ihren beyden Enden fast übereinander geschlagen; sie sind beynahe dreyeckt, aber auch oft von einer unbestimmten Gestalt. Sie sind sehr fest, dick und groß.

Das Herz liegt fast ganz auf der linken Seite (Fig. 2. e.). Die Spitze ist auch derselben, aber doch mehr dem Zwergfelle zugekehrt. Der Herzbeutel ist ausserordentlich dünn, und schließt sich dicht am Herzen an, ohne daß Wasser dazwischen wäre. Plinius n) irret sich, wenn er den Mäusen ein sehr grosses Herz zuschreibt, denn es ist nichts weniger wie groß, und auch seine Ohren sind sehr klein. Die Mäuse haben sehr starke und volle Adern. Ihre Wärme ist daher

J 2

n) Cor . . . maximum est portione muribus, PLIN. hist. nat. XI. c. 28. f. H. 70.

her fehr groß. Pallas o) fand sie, auch mitten im Winter,
107. bis 109° Farenh.

Nach d'Aubenton p) sind die Lungen der Maus wie bey
der Ratze beschaffen; ich habe hingegen immer nur drey Lappen an
der rechten, und einen an der linken Seite gefunden. Der erste
Lappen an der rechten Seite (Fig. 2. f) liegt über das Herz her und
bedeckt es, aufgeblasen, gänzlich; der zweyte (g) liegt dicht unter
diesen, aber ganz nach der linken Seite zu, und ist der größte von
den rechten Lappen. Der dritte (h) liegt ganz an der Spitze des
Herzens: er ist der kleinste, und hat eine dreyeckte pyramidenförmige
Gestalt. Der rechte Lappe der Lunge (i) liegt fast ganz hinter dem
Herzen, und ist der größte von allen. Die Luftröhre, ist enge, und
hinten mit einer sehr dünnen Haut verschlossen. Die Klappe ist sehr
klein.

Das Brustfell liegt dicht um die Lungen und dem Herzen.
Von der Luftröhre aus geht eine stärkere doppelte Haut zum Zwergfell.
Eine Brustdrüse habe ich nicht entdeckt.

Das Zwergfell ist ausserordentlich dünn, und so durchsichtig,
daß man die Lungen dadurch sehen kann: wann es aber eine Zeitlang
in Brantewein gelegen hat, so erkennt man an den Seiten die Muskeln deutlicher, und sie werden undurchsichtig, lassen aber in der Mitte
doch noch immer eine eyrunde ziemlich grosse Haut über, die stets gleich
durchsichtig bleibt." Es ist nicht an der Spitze des schwertförmigen Fortsatzes des Brustbeins befestigt, sondern etwas mehr der Brust zu, von
hier läuft es längst den falschen Rippen hinunter, und erreicht sein
Ende an der rechten Seite, am Ende des ersten Lendenwirbels, an der
linken, am Ende des letzten Rückenwirbels.

Die Leber erstreckt sich nach beyden Seiten ohngefehr gleich
weit, sie ist dunkelbraun, und besteht aus sechs, zu Zeiten aus sieben
Lappen

o) Pall. *Glir. p.* 95.
p) Buff. *hist. nat. VII. p.* 314.

Lappen.   Dicht am Zwergfelle liegt ein ziemlich grosser Lappen, der
in zwey Theile getheilt ist; der größte Theil erstreckt sich nach der rech=
ten Seite, der kleinere, der ohngefehr halb so groß ist, nach der lin=
ken, und liegt nicht mehr dicht am Zwergfell, sondern vor dem grof=
sen linken Lappen der Leber.   In der Theilung dieses Lappens befin=
det sich die Hanghaut der Leber.   Dicht hinter diesen liegt auf der rech=
ten Seite der grosse rechte Lappen.   Er ist der dickste und erstreckt sich
bis zur Nierendrüse.   Hinter diesen liegt ein etwas kleinerer Lappe,
der beynahe ein Dreyeck vorstellt, dessen Grundlinie den Seiten zu=
gekehrt ist; dieser Lappe erstreckt sich über die Hälfte der rechten Niere.
Noch ein kleiner Lappe, der ohngefehr den Ausschnitt einer Niere hat,
liegt in der Mitte hinter den beyden grössern Lappen.   Der grosse
linke Lappe, welcher der größte von allen ist, erstreckt sich vom Zwerg=
fell, an dem er dicht an liegt, bis zur Hälfte der linken Niere, die er
aber nicht bedeckt.   Er schlägt sich von beyden Seiten um den Ma=
gen herum.   Hinter ihm liegt ein ähnlicher Lappe, der die Grösse und
Gestalt des kleinsten rechten Lappens hat, aber nicht dicht angeschlos=
sen, sondern an dem Schlunde und dem Magen gelehnt.   Häufig fin=
det man bey den Mäusen etwas, das einer Gallenblase ähnlich sieht,
und schon die Alten haben dieses bemerkt q).   D'Aubenton thut
ihrer aber gar keine Erwähnung.   Unter acht Mäusen, die ich auf=
schnitte, entdeckte ich bey einem trächtigen Weibchen eine wahre Gal=
lenblase, die durchsichtig, und mit einer hellseegrünen Feuchtigkeit
angefüllt war; bey drey andern fand ich nicht die geringste Spur
einer Gallenblase; bey vier andern aber war im Hangfell der Leber
in einem grösseren oder kleinern Sacke eine gelblich grüne Feuchtigkeit
enthalten.   Bey drey andern Mäusen, die keine Gallenblase hatten,
entdeckte ich etwas noch sonderbareres.   Bey der einen fand ich
im grösten Lappen der Leber ohngefehr in der Mitte einen weissen
ziemlich harten Körper, der ganz durchgieng.   Bey genauer Unter=
suchung aber nichts als eine drüsenartige Masse war.   Bey zwey an=
dern war in der Leber ein Sack befindlich, worin sich ein Egel
                                                           befand.
                         J 3

q) Fel . . . Murium aliqui habent. PLIN. hist. nat. XI. c. 38. f. H. 74.

befand. Bey der einen (Taf. 1. Fig. 2.) war der Beutel dunkelgelb, und lag an der rechten Seite der Leber. Er war fast kugelrund, und an dem Ende verlängert. Mit dieser Verlängerung war er an dem ersten Lappen der Leber, der dicht am Zwergfelle liegt, nahe bey der Hanghaut, befestigt. In diesem Beutel war eine milchigte Feuchtigkeit, und ein stark zusammen gerollter Egel, befindlich, (Taf. 1. f. 5. 6.) der ohngefehr dreyviertel Linien breit, und auseinander genommen, etwas über einen Zoll lang war. Bey der andern war dieser Sack weißlich, und hatte eine unregelmäßige Gestalt (Fig. 3. a.) Er war nicht wie der vorige, an der rechten sondern an der linken Seite, am kleinen Lappen des ersten Lappens der Leber aufgehangen, von dem er gleichsam ein Fortsatz war. Die Feuchtigkeit in ihm war nicht weiß, sondern hatte eine schmutzige Farbe, und der Egel war nur halb so groß wie bey der ersten, aber eben so gewunden. Die nähere Beschreibung des Wurms folgt hinten.

Der Schlund ist sehr enge, und seine Haut dicker wie die der übrigen Gedärme.

Der Magen ist sehr groß, nicht stark gekrümt, und besteht aus einer so dünnen und durchsichtigen Haut, daß man die Speisen darinn sehen kan. Er liegt ganz auf der linken Seite in dem großen Lappen der Leber. Die rechte Seite ist sehr weit und hat fast die Gestalt des untern Theils, einer aufgeblasnen Blase. (Fig. 4. a). Sie ist deutlich von dem übrigen Magen durch ihre dickere, undurchsichtige Haut unterschieden, die mit einem starken weissen Striche eingefaßt ist. Die linke Seite (b) endigt sich in einer abgestumpften Spitze, die bey zwey Mäusen mit einer dickern weissen Haut versehen war. Bey zwey Mäusen fand ich den Magen ausserordentlich groß, und bey der einen mit acht, bey der andern mit fünf Spuhlwürmern, angefüllt, die an beyden Enden zugespitzt und einen Zoll lang waren. (Taf. 1. Fig. 8.)

Die dünnen Gedärme sind sehr weit, und die dicken hingegen sehr enge. Die erstern sind ausserordentlich lang, und in Vergleichung länger, wie bey der Ratze. Die Haut derselben ist sehr
dünne,

dünne, und durchsichtig. Der Zwölfingerdarm ist kurz, aber ausserordentlich weit. — Der leere Darm und gewundne Darm sind gar nicht von einander unterschieden. Sie sind ausserordentlich lang, eng und werden gegen das Ende immer enger, und ihre Haut ist die dünnste von allen. Der blinde Darm (Fig. 5. b.) ist länger wie bey der Ratze, aber nicht so weit, und läuft gegen das Ende spitzer zu. Der Grimmdarm (Fig. 5. a.) ist sehr weit und hat die dickste Haut, die aus lauter schiefen Muskelfasern besteht; er wird gegen das Ende immer schmähler. Der Mastdarm ist der engste von allen, und nicht sehr lang.

Die Milz (Fig. 4. c.) liegt ganz auf der linken Seite, selten völlig hinter dem Magen, um dem sie gewöhnlich ihr unteres breiteres Ende herum schlägt. Sie ist durch starke Häute und Gefässe (Fig. 4. d.) mit dem Magen und mit der grossen Magendrüse vereinigt, welcher sie drey grosse Adern (e. e. e.) abgiebt.

Die grosse Magendrüse (Fig. 4. f.) ist durch zelligtes Gewebe mit dem Magen und Zwölfingerdarm vereinigt. In dem letztern geht ein starker Gang von ihr beym Pförtner hinein (Fig. 4. g.).

Eine Bauchhaut und Netz habe ich gar nicht gefunden; das Gekröse und die Grimmdarmhaut aber sind allerdings vorhanden, führen aber fast gar kein Fett.

Wo die Hohlader sich in die beyden Hüftadern theilt, findet man entweder vor oder hinter der Theilung zwey ziemlich grosse Drüsen, die eine Linie lang, und eine halbe Linie breit und dick sind. Auch findet man noch verschiedne Drüsen, von unbestimmter Anzahl im Gekröse dicht an den Gedärmen.

Die Nieren (Fig. 6. a. a.) sind sehr groß und stark. Die Nierendrüsen (b. b.) sind ebenfals sehr groß, weiß von Farbe, und sitzen ziemlich fest an. Die Harnwege (e. e.) sind sehr lang und weit.

Die Urinblase ist sehr klein und stark (Fig. 6. d.). Der Harngang ist sehr lang. Bey den Männchen nimmt er die gewöhnliche

che Richtung, und bey den Weibchen nimmt er seinen Ausgang über die Mutterscheide (Fig. 8. e.).

Die männlichen Geburtsglieder sind zwar im Ganzen denen der übrigen Nager ähnlich, aber doch wie bey allen Arten von denen der andern in etwas verschieden. Die Hoden (Fig. 7. a.) sind vollkommen länglich rund. Die Nebenhoden (b.) haben eine minder regelmäßige Gestalt, und liegen dicht unter den Hoden. Die Saamengefäße (c.) liegen an der andern Seite unter den Hoden, in einem Klumpen gewickelt, lassen sich aber ausdehnen, und sind alsdann sehr lang. Zur Zeit der Begattung treten die Hoden in den Hodensack (Fig. 3. b. b.) und schieben die Nebenhoden vor sich her (e. e.): Sie sind, wann man den Hodensack aufschneidet, darin in einer dünnen Haut verwahrt, die jede allein einschließt, aber durch ein Band (d.) vereinigt wird. Die Saamengänge (Fig. 7. d. d.) sind ziemlich lang und weit. Die Saamenbläschen (f. f.) liegen zu der Seite der Blase (e.), sind sehr groß, kraus und eingebogen. Die Vorsteher (Fig. 7. g. g.) sind groß und von unbestimmter Gestalt. Die Cowperischen Drüsen (k. k.) haben die Gestalt eines eyförmigen, zugespitzten Blattes. Die Ruthe (h.) ist sehr lang, und hat in ihrer Mitte eine tiefe Furche (i.). Die Ruthe ist mit einem kleinen Knochen (Fig. 19.) versehn. Die Eichel ist sehr groß und stark, und oben mit einem kleinen Knöpfchen versehn. Die Vorhaut (Fig. 3. e.) ist sehr lang.

Die weiblichen Geburtsglieder (Fig. 8.) haben dieselbe Gestalt wie bey der Ratze. Der Eyerstock (b.) besteht aus vielen kleinen weißlichen drüsenähnlichen Körpern. Ueber dem Eyerstocke befinden sich die Trompeten (a.), die aus den Hörnern hervorgehn, unten breiter wie oben sind und sich in einer engen Spitze endigen. Die Gebährmutter besteht blos aus den beyden ziemlich langen Hörnern (c. c.). Die Scheide (d.) ist ziemlich lang und sehr weit. Der Kitzler (d.) befindet sich an dem obern Ende derselben, und hat eine starke Vorhaut, wodurch er dem männlichen Gliede ähnlich wird.

wird. Eine trächtige Gebärmutter habe ich (Fig. 9.) vorstellen laſſen. Die Brüſte bilden bey dem trächtigen und ſäugenden Weib=chen ſtarke glandelnähnliche Lagen unter der Bruſt und dem Bauche. Die einzelnen Brüſte ſind nicht zu unterſcheiden, ſie bilden zuſam=mengenommen aber ein von dieſen Körpern leeres Kreuß unter dem Leibe.

Gewicht.

					Gran.
Hirn	—	—	—	—	$5\frac{1}{2}$
Hirnlein	—	—	—	—	$3\frac{1}{2}$
Herz	—	—	—	—	3
Leber	—	—	—	—	17
Milz	—	—	—	—	2
Nieren	—	—	—	—	2

Maaſſe der weichen Theile.

				″	‴	⁗
Länge des ganzen Gehirns.	—	—	—	0.	6.	0.
Groſſes Hirn lang	—	—	—	0.	4.	3.
— — breit	—	—	—	0.	4.	6.
— — dick	—	—	—	0.	2.	8.
Hirnlein lang	—	—	—	0.	2.	3.
— — breit	—	—	—	0.	3.	4.
— — dick	—	—	—	0.	2.	0.
Zunge lang	—	—	—	0.	4.	0.
— breit	—	—	—	0.	2.	0.
Herz lang	—	—	—	0.	4.	0.
— breit	—	—	—	0.	2.	8.
Durchmeſſer der groſſen Schlagader	—	—	0.	0.	2.	
— — — Hohlader	—	—	0.	0.	4.	
Schlund lang	—	—	—	1.	5.	0.
Magen lang	—	—	—	0.	8.	0.

K   Magen

Magen lang vom Schlunde bis zum Pförtner —	0. 2. 0.
— — bis zur linken Spitze —	0. 4. 0.
Umfang des Magens in der Mitte —	1. 6. 0.
Zwölffingerdarm lang — — —	4. 0. 0.
— — Durchmesser — — —	0. 1. 0.
Windedarm lang —	13. 0. 0.
— — Durchmesser des Schmachtdarms —	0. 0. 8.
— — des Windedarms —	0. 0. 7.
Blinddarm lang —	0. 9. 0.
— Durchmesser an der Wurzel — —	0. 3. 0.
— an der Spitze — —	0. 2. 0.
Grimmdarm lang — — —	1. 7. 8.
— — Durchmesser beym Blinddarm —	0. 2. 0.
beym Mastdarm — —	0. 1. 0.
Mastdarm lang — — —	1. 2. 0.
— Durchmesser — — —	0. 1. 0.
Leber. Länge des grossen rechten Lappens —	0. 6. 0.
— Breite — —	0. 4. 8.
— Dicke — —	0. 1. 5.
— Länge des grossen linken Lappens —	0. 11. 2.
— Breite —	0. 10. 5.
— Dicke — —	0. 1. 4.
Milz lang — — —	0. 6. 0.
— breit oben — —	0. 1. 8.
— breit unten —	0. 2. 0.
— dick — —	0. 1. 4.
Grosse Magendrüse lang — —	0. 5. 0.
Nieren lang — —	0. 4. 0.
— breit — —	0. 2. 0.
— dick — —	0. 2. 0.
Nierendrüse lang — — —	0. 1. 2.
— — breit — —	0. 0. 7.
Urinblase lang — —	0. 1. 0.
— — breit — —	0. 7. 0.
Harnröhre lang bey dem Weibchen — —	0. 8. 0.
Vorhaut lang — — —	0. 0. 8.

Eichel

Eichel lang	—	—	—	0. 1. 8.
— — dick	—	—	—	0. 0. 7.
Ruthe lang	—	—	—	—	0. 3. 5.
— — Umfang	—	—	—	0. 2. 4.
Hoden lang	—	—	—	—	0. 3. 8.
— breit	—	—	—	—	0. 2. 3.
— dick	—	—	—	—	0. 2. 0.
Saamenbläschen lang	—	—	—	0. 4. 3.
Saamengänge lang	—	—	—	0. 11. 0.
Mutter lang	—	—	—	0. 0. 3.
Scheide lang	—	—	—	0. 4. 0.
— — Durchmesser	—	—	—	—	0. 1. 0.
Kitzler lang	—	—	—	0. 0. 8.
Hörner lang	—	—	—	0. 8. 0.
Eyerstock lang	—	—	—	0. 2. 0.
— — breit	—	—	—	0. 1. 2.
— — dick	—	—	—	0. 0. 5.
Trompeten lang	—	—	—	—	0. 1. 5.

Be=

Bestimmung der Kennzeichen
der
Adler und Falken.

Schon Aristoteles und nach ihm Plinius, theilen die grosse Menge der Raubvögel bey Tage in Adler, Geyer und Falken, (und diese letztern wieder, wie es scheint, in eigentliche Falken und Weihen) ein, und die mehresten Naturforscher sind ihnen hierinn gefolgt, nur mit verschiednen Abänderungen in der Bestimmung ihrer Geschlechter. Wenigstens theilen sie doch die edleren immer in Adler und Falken oder Habichte (*legaxes* oder *accipitres*) ein. Linne' ist der einzige, der diese beyden Geschlechter vereiniget. Die falschen Kennzeichen, wodurch man sie oft trennte, da man in der Grösse, Großmuth, und andern unbedeutenden, zufälligen Dingen Unterscheidungsmerkmahle suchte, oder das oft ganz unrichtig angegebne und verwechselte wahre Kennzeichen derselben, bewogen ihn ohne Zweifel zu dieser Vereinigung. Aber ausser dem, ich muß bekennen, minder wichtigen Kennzeichen, das diese beyden Geschlechter von einander unterscheidet, findet man leicht in Vergleichung ihres ganzen Körperbanes, ihrer Lebensart, und andrer Umstände, so viele Verschiedenheiten, daß man leicht diese Trennung billigen wird.

Der Schnabel ist bey den Adlern länger, stärker, an der Wurzel grade, und hernach plötzlich und stärker umgebogen und endigt sich in einem längern und spitzern Haken. Der Hals ist länger, und die Füsse kürzer und stärker wie bey den Falken, die mit einem kürzern, vom Anfang an krummen Schnabel, einem kürzern Halse und längern Beinen begabt sind. — Die Adler bauen ihr Nest auf den steilsten und höchsten Felsen, oder in entlegnen hohen alten Wäldern; da die Falken im Gegentheil auf niedrigern Bergen, oder alten Thürmen, oder in Gehölzen, nicht so fern von der Nachbarschaft

schaft des Menschen wohnen. — Die Adler stoßen nur auf größsere Thiere, dahingegen auch die Falken die kleinern, ja selbst oft Insekten verfolgen. Die Adler legen nur wenige und nie mehr als vier Eyer, von denen gewöhnlich nur zwey fruchtbar sind; die Falken im Gegentheil brüten vier bis sieben fruchtbare Eyer aus. Diese Gründe, und das Ansehn ältrer und neuer Naturforscher hat mich bewogen, das Geschlecht der Adler von den Falken zu trennen.

Ich sehe mich genöthigt, ehe ich zu der nähern Bestimmung dieser beyden Geschlechter und ihrer Arten fortgehe, vorher einige Kunstwörter zu erklären, die ich habe erfinden müssen, um mich deutlicher auszudrücken. Es heißt der

Schnabel gezähnelt: wenn der scharfe Winkel an dem obern Kiefer spitz (wie bey dem heiligen und kleinen Adler) oder durch eine scharfe Ecke deutlich ausgeschnitten ist, (wie bey vielen Falken).

halbgezähnelt: wenn der Winkel zwar stark hervorragt, aber durch keine Ecke an seiner Wurzel scharf abgeschnitten und rund ist.

ungezähnelt: wenn man fast gar keine Hervorragung, und nur schwache Einschnitte bemerkt.

messerförmig: wenn der Rand des Schnabels ganz glatt ist.

Flügel sehr lang: wenn er über das Ende des Schwanzes hervorragt.

lang: wenn er das Ende des Schwanzes erreicht.

mittelmäßig: wenn er etwa drey Viertheil des Schwanzes erreicht.

kurz: wenn er bis zur Hälfte des Schwanzes geht.

sehr kurz: wenn er noch nicht die Hälfte des Schwanzes erreicht.

Füsse lang: wenn der mittlere Finger nicht länger, als etwa halb so lang wie der Fuß (tarsus) ist.

K 3   mittel-

mittelmäßig : wenn die Finger nicht völlig so lang
als der ganze Fuß sind.

kurz : wenn der Mittelfinger so lang als der Fuß ist.

befiedert: wenn sie mit Federn bis zum Anfange der
Zähen bekleidet sind.

halbbefiedert : wenn nur der halbe Fuß mit Federn
bedeckt ist.

nackt: wenn sie gar nicht, oder nur ein wenig oben
an der Wurzel befiedert sind.

Schwanz sehr lang : wenn er länger ist wie der Leib, von der
Spitze des Schnabels bis zur Wurzel des
Schwanzes.

lang: wenn er eben so lang ist, wie der übrige Leib.

mittelmäßig : wenn er etwa drey Viertheil der Länge
des Körpers hält.

kurz : wenn er halb so lang wie der übrige Leib ist.

keilförmig : wenn die mittleren Federn sehr lang, und
die äussern sehr kurz sind.

rund : wenn die mittlern Schwanzfedern nur etwas
länger sind als die äussern.

grade : wenn alle Ruderfedern von gleicher Länge sind.

ausgeschnitten : wenn die mittlern Schwanzfedern
etwas kürzer sind wie die äusseren.

scheerenförmig : wenn die mittleren Schwanzfedern
ausserordentlich kurz sind, und mit den äusse=
ren fast einen spitzen Winkel bilden.

Adler.

Adler.

Aeros. ARIST. *hist. an. IX. c.32.*
Aquila. PLIN. *hist. nat. X. c.3.*
GESN. *hist. av. p.2.*
ALDROV. *Ornith. I. p.17.*
WILLUGHB. *Orinth. p.26.*
RAJI *syn. av. p.1.*
BRISS. *Orn. I. p. 419.*
Aigle. BELON. *Ois. p. 87.*
BUFF. *hist. nat. des Ois. I. p.7L*
Adler. Klein *nat. Ord. S. 40.*
Falco. LINN. *syst. nat. I. p. 124.*
Hawk. *Britt. Zool. fol. p.57. 8vo I. p. 117.*

Kopf   ist dick und haarig.

Schnabel ist an der Wurzel grade, und biegt sich sehr stark an der Spitze in einen langen starken Haken.   Er ist nie würklich gezähnelt.

Wachshaut ist sehr groß, dick und nackt, und gewöhnlich gelb von Farbe.

Zunge ist mit einer Rinne vertieft, wodurch sie so viel leichter die getödteten Thiere aussaugen.   Sie ist fleischigt, stark und ganz (integra).

Augen sind sehr groß, helle, mit einem grossen klaren Augapfel, weit hervorragenden Augenbraunen, einer Blinzhaut und unterm Augenliede versehn.

Hals   ist lang, und ausserordentlich dick und stark.

Leib   ist groß, lang, fest und muskulös.

Flügel bestehn gewöhnlich aus 26 bis 28 Schwungfedern.   Sie sind lang, stark, und nie so kurz, daß sie nicht beynahe das Ende des Schwanzes erreichen sollten.

Schenkel sind kurz, oder nur mittelmäßig lang, mit sehr langen wolligten Federn bekleidet, die gewöhnlich einige Zoll über die Fersen hervorragen.

Füsse

Füſſe ſind ſehr kurz, gewöhnlich bis an die Zähen mit Federn be=
deckt, iedoch auch zuweilen nackt, und alsdenn mit Schil=
dern bekleidet.

Zähen ſind ſehr lang, ſtark, und wie die Füſſe mit Schildern, an ih=
rer Wurzel aber mit Schuppen bedeckt.   Das erſte Glied
des mittlern und äuſſerſten Zähens iſt durch eine dicke Ver=
dopplung der Haut verbunden.   Unter dem Fuſſe iſt die
Haut harſch, dick, und ebenfalls fein geſchuppt.

Krallen ſind ungewöhnlich groß, und bey den Adlern weit ſtärker, wie
bey allen andern Raubvögeln, ſelbſt bey den Geyern.

Schwanz iſt kurz oder mittelmäßig lang, aber ſehr breit.   Er be=
ſteht aus 12 Ruderfedern.

Federn ſind ſehr weich, dicht, dick und ziemlich groß, und unter
denſelben liegt eine dicke Lage von Pflaumfedern. · Es iſt
überhaupt wohl kein Vogel ſo ſtark mit Federn verſehn,
wie der Adler.

Auffenthalt : Man findet ſie in der ganzen Welt; ſo wohl die nörd=
lichen Gegenden der Erde als die ſüdlichen ernähren ſie.
Am häufigſten aber ſind ſie wohl in den nördlichen Gegen=
den Aſiens, Europa und Nordamerika.

Lebensart: Sie wählen ſich nur Felſen, hohe Gebürge und alte Ei=
chenwälder zu ihrem Auffenthalte.   Sie rauben und tödten
Thiere, worüber ſie kaum Herr werden können, und die
oft gröſſer ſind wie ſie ſelbſt.   Sie ſauffen wenig, und ſau=
gen nur den getödteten Thieren das Blut aus.   Sie ver=
greiffen ſich nie an Aas.   Sie fliegen am höchſten von al=
len Vögeln, und ſehen aus einer dem Auge oft kaum er=
reichbaren Ferne ihren Raub auf der Erde liegen, auf den
ſie wie ein Pfeil grade herabſtürzen, und ihn entweder,
wenn er zu groß iſt, auf der Stelle verzehren, oder mit
ſich in ihren Klauen fortnehmen.   Sie ſind auſſerordent=
lich gefräßig, nichts deſtoweniger aber können ſie ſehr lange
hungern, und man hat Beyſpiele von Adlern, die drey bis
fünf

fünf Wochen ohne Speise in der Gefangenschaft zugebracht haben. Sie werden sehr alt.

Eyer legen sie nie mehr als zwey bis vier, die ziemlich rund sind, die das Weibchen zwar allein ausbrütet, die sie aber, wenn sie ausgekommen sind, beyde ernähren. So bald nur die Jungen einige Kräfte und Federn erlangt haben, jagen sie dieselben aus dem Neste, und lassen sie selbst für ihre Nahrung sorgen.

Nest bauen sie entweder auf einem oder mehrern hohen Bäumen, oder auf dem Gipfel eines Felsen, aus Aesten und Reisern geflochten, ohne alle Kunst, und fast ganz flach.

Anmerkung. Das Weibchen ist immer viel grösser, schöner und stärker als das Männchen.

Falke.

Ἱέραξ. Arist. *hist. an. VII. c.34.*
Accipiter. Plin. *hist. nat. X. c.8. s. H. s.*
    Gesn. *av. p. 3.*
    Aldrov. *Orn. I. p.336.*
    Willughb. *Ornith. p.36.*
    Raji *syn. av. p.13.*
    Briss. *Ornith. I. p. 310.*
Ἰκτῖνος. Arist. *hist. an. II.15. VI.16.*
Miluus. Plin. *hist. nat. X. c.10. s. H. 12.*
    Gesn. *av. p.585.*
Falke. Klein *nat. Ord. S. 47.*
Falco. Linn. *syst. nat. p.124.*
Hawk. Falcon. *Britt. Zool. fol. p. 57. 8ᵛᵒ I. p.117.132.*

Kopf ist mit Federn bedeckt und gröss.

Schnabel biegt sich gleich von der Wurzel an in eine Krümme; er schlägt über den untern Kiefer herüber: er ist gewöhnlich halbgezähnelt, oft auch ganz oder gar nicht.

Wachs=

Wachshaut ist ziemlich groß und dick, und von unbestimmter Farbe.

Zunge ist vorn getheilt, fleischig, und nur mit einer schwachen Rinne versehn.

Augen sind ziemlich groß, mit hervorragenden Augenbraunen, einer Nickhaut, und einem untern Augenliede versehn.

Hals ist sehr kurz, dick und stark.

Leib ist ziemlich groß und stark, und die Brust sehr muskulös.

Flügel sind von verschiedner Länge, bald ragen sie kaum bis zur Hälfte des Schwanzes, bald gehn sie über denselben hinnüber, gewöhnlich aber sind sie kürzer wie derselbe. Sie bestehn aus 24 bis 28 Schwungfedern.

Schenkel sind mittelmäßig oder lang, mit Federn, selten mit Pflaumen bedeckt, die oft gar nicht, oft nur etwas über die Ferse herüberragen.

Füsse sind gewöhnlich nackt, mittelmäßig oder lang, und mit Schildern bekleidet. Selten sind sie halb, und nur bey einer Art ganz mit Federn bedeckt.

Zähen sind karz, nicht so stark wie bey den Adlern und Geyern, und mit Schildern, ausser an ihrer Wurzel und unten bedeckt, wo sie geschuppt; und mit einer harten Haut bekleidet sind. Die ersten Glieder des mittlern und äussern Fingers sind durch eine Haut verbunden.

Krallen sind nicht sehr stark, auch nicht so sehr gekrümmt, wie bey den Adlern, gewöhnlich aber sehr spitz.

Schwanz besteht aus 12 Ruderfedern, und ist sehr lang und schmahl.

Federn sind fest, hart, öhlicht, aber die dicke Lage der Pflaumen fehlt ihnen, und auch die Federn sind lange nicht in einer solchen Menge vorhanden, wie bey den Adlern.

Auffenthalt: die ganze Erde, jedoch scheinen sie auf jener Seite des Aequators seltner wie auf dieser, und überhaupt in den nördlichsten Gegenden am häufigsten zu seyn.

Lebensart: sie wohnen in bergigten Gegenden, Gehölzen und alten Thürmen, gewöhnlich nicht weit von Dörfern, und den Woh-

Wohnungen der Menschen. Sie gehn bey Tage, haupt=
sächlich des Morgens beym Aufgange der Sonne, oder des
Abends vor ihrem Untergange auf ihren Raub aus. Sie
stossen gewöhnlich kleinere Thiere, und nur selten solche,
die stärker sind wie sie, begnügen sich auch leicht mit Am=
phibien, Fischen und Insekten, wenn es ihnen an andrer
Nahrung fehlt: Sie vergreiffen sich auch nie am Aase, und
trinken ebenfalls sehr wenig, und nur selten.

Eyer: sie legen vier bis sieben Eyer, welche die Mutter ausbrü=
tet, und beyde Eltern gemeinschaftlich erziehn. Sie er=
nähren sie ziemlich lange, und pflegen sie sogar anfangs mit
sich zu nehmen, wenn sie noch zu schwach sind, sich selbst
hinlänglichen Unterhalt zu verschaffen.

Nest ist aus Reisern geflochten, auf Steinen, Thürmen, Bäu=
men und Sträuchern, und mit Wolle und Haaren gefüt=
tert. Die kleinern Falken jagen auch häufig Raben, Krä=
hen rc. aus ihrem Neste, und legen ihre Eyer da hinein.

Anmerkung. Das Weibchen ist grösser, schöner und stärker wie das Männchen,
welches deswegen auch bey den französischen Falkenierern Tiercelet genennt
wird.

Adler.

Schnabel an der Wurzel mit einer nackten Wachshaut
bedeckt, anfangs grade, an der Spitze gekrümmt.

Kopf befiedert.

Kron = 1. Adler mit befiederten Füssen und einer Haube auf dem Kopf.
α. Heiducken=Adler.

Urutaurana Brasiliensibus. MARCGR. hist. nat. Braf. p. 203. fig. p. 204.
Urutaurana Brasiliensium Marcgravio, Aquila Brasiliensis cristata. WILLUGHB: Ornith. p. 32. tab. 4. f. 1.
Aquila Brasiliensis cristata, Urutaurana indigenis dicta, Marc-
gravii. RAJI syn. av. p. 7.

Gehaubter-Adler. Klein Nat. Ord. S. 42.
L'Aigle hupé du Bresil. Aquila criftata fuperne fufco & nigro
varia, infernę alba, nigro maculata; collo fuperiore fuluo,
rectricibus fufcis, oris albicantibus; pedibus pennis albis,
nigro maculatis veftitis.   Aquila Brafilienfis criftata. Briss.
Ornith. I. p. 446.
L'Aigle d'Orenoque. Buff. hift. nat. des Oif. I. p. 137.
Vultur (Harpyja) capite tecto, pennis elongatis criftato. Linn.
fyft. nat. I. p. 121.

β. Hauben = Adler.
Crowned Eagle. Edw. Glean: I. t. 224.
L'Aigle hupé d'Afrique. Aquila criftata; fuperne faturate fufca,
ad nigrum vergens, marginibus pennarum dilute fufcis, inferne alba, maculis orbiculatis nigris varia, pectore rufo;
rectricibus fuperne faturate grifeis, tæniis transverfis nigris
ftriatis; pedibus pennis albis, maculis orbiculatis nigris variis, veftitis. Aquila Africana criftata. Briss. Ornith. I. p. 448.
Gekrönter = Adler. Klein Nat. Ord. S. 164.
L'Aigle hupé. Buff. hift. nat. des Oif. I. p. 139.
Falco (coronatus) cera ferruginea, pedibus lanatis albis, nigro
punctatis, pectore rufo, lateribus nigro fafciatis. Linn. fyft.
nat. I. p. 124.

Auffenthalt: α. Brafilien und Mexico. β. Guinea.

Gold = 2. Adler mit in die Höhe gerichteten Federn des Hinterkopfs.
Aquila Germana. Gesn. av. p. 162. fig. p. 163.
Grand Aigle royal. Belon hift. nat. des Oif. p. 89. fig. p. 91.
Chryfaëtos. Aldrovand. Ornith. I. p. 110. fig. p. 111. 114. 115.
Chryfaëtos Aldrovandi. Aquila fulva feu regia. The Golden
Eagle. Willughb Orn. p. 27. tab. 1. f. 1.
The Golden Eagle. Albin II. tab. 1.
Gold = Adler. Klein Nat. Ord. S. 40.
The Golden Eagle. Britt. Zool. fol. p. 61. tab. A. 8vo I. p. 120.
L'Aigle doré. Aquila fufco-ferruginea; capite & collo fuperio-
re rufo-ferrugineis; rectricibus fordide albis, taeniis obli-
quis fufco-ferrugineis variis; pedibus pennis fufco-ferrugi-
neis veftitis. Chryfaëtos, feu Aquila aurea. Briss. Orn. I. p. 431.

Le

Le Grand Aigle BUFF. *hift. nat. des Oif. I. p. 76. tab.* 1.
Le Grand Aigle, ou l'Aigle Royal. *Pl. enl. No.* 410.
Falco (Chryfaëtos) cera lutea, pedibus lanatis luteo ferrugineis,
corpore fufco ferrugineo vario, cauda nigra bafi cinereo
undulata. LINN. *fyft. nat. I. p.* 125. *Fn. Suec. p.* 59. *n.* 54.

Auffenthalt: Europa auf hohen Felfen.

Brauner 3. Adler mit befiederten Füffen, graden fehr kurzen
Schwanze und glatten Kopfe.

α. Der gemeine braune Adler.
L'Aigle noir. BELON *hift. nat. des Oif. p.* 92. *fig. p. 93.*
Melanaetus feu Aquila Valeria. ALDROV. *Ornith. I. p.* 197. *f. p.*
199. 200. 201.
Chryfaëtos, cauda annulo albo cincta. WILL. *Orn. p. 28.*
Aquila fulva, feu Chryfaëtos, cauda annulo albo cincta. RAJI
fyn. av. p. 6.
Weißfchwänzel. Klein *Nat. Ord. S.* 41.
The Ringtail Eagle. *Britt. Zool. fol. p.* 62. 8vo. *I. p.* 124.
L'Aigle. Aquila fufca; capite & collo fuperiore ad rufum incli-
nantibus, rectricibus albis, apice nigricantibus, duabus utrin-
que extimis exterius einereis; pedibus pennis fufco-rufefcen-
tibus veftitis. Aquila. BRISS. *Orn. I. p.* 419.
L'Aigle commun. BUFF. *hift. nat. des Oif. I. p.* 86.
L'Aigle commun. *Pl. enl. no.* 409.
Falco (fulvus) cera flava, pedibus lanatis fufco-ferrugineis;
dorfo fufco, cauda fafcia alba. LINN. *fyft. nat. I. p.* 125.

γ. Der Canadenfifche Adler.
The white-tail'd Eagle. EDW. *birds I. tab.* 1.
Falco (fulvus β Canadenfis) cera flava pedibusque lanatis;
corpore fufco, cauda alba, apice fufca. LINN. *fyft. nat. I.*
p. 125.

Auffenthalt: α Europa auf hohen Bergen und Felfen.
β Canada.

Stein=

Stein= 4. Adler mit befiederten Füssen und keilförmigen Schwanze.
Morphno Congener. Aldrov. *Orn. p. 214. fig. p. 215.*
L'Aigle tacheté. Aquila obscure ferruginea; alis subtus &
cruribus albis maculis adspersis; tectricibus caudæ inferiori-
bus albis; rectricibus in exortu & apice albis; pedibus pen-
nis obscure ferrugineis, albo maculatis, vestitis. Aquila
Nævia. Briss. *Orn. I. p. 425.*
Der Stein-Adler. Frisch Vög. Taf. 71.
Le petit Aigle. Buff. *hist. nat. des Ois. I. p. 91.*
Auffenthalt: Europa.

Hochbeinigter 5. Adler mit befiederten Füssen und langen Schwanze.
Aquila Mogilnik. Gmelin : *Nov. Comment. Acad. Petropol.*
XV. p. 445. tab. 116
Auffenthalt: Rußland.

Schwarzer 6. Adler mit halb befiederten Füssen, und graden mittel-
mäßigen Schwanze.
Melanætus seu Valeria Aquila. Gesn. *av. p. 196.*
The black Eagle. Albin *birds II. t. 2.*
Melanaëtos seu Aquila Valeria. Will. *Ornith. p. 30. tab. 2.*
fig. 2. (Die Abbildung scheint zum braunen Adler zu gehören.)
Schwarzer Adler. Klein nat. Ord. S. 41.
Der schwarzbraune Adler. Frisch Taf. 69.
L'Aigle noir. Aquila nigricans; capite & collo superiore rufo
mixtis; rectricibus prima medietate albis, nigricante macu-
latis, altera medietate nigricantibus; pedibus pennis sor-
dide albis vestitis. Melanæëtus seu Aquila nigra? Briss.
Orn. I. p. 434.
Falco (Melanæëtus) cera lutea, pedibus semilanatis, corpore
ferrugineo nigricante, striis flavis. Linn. *syst. nat. I. p. 124.*
Auffenthalt: Europa.

Beinbrecher 7. Adler mit halbbefiederten Füssen, mit graden sehr
kurzen Schwanze.
Ossifraga. Gesn. *av. p. 197.*

Oiseau de proie, qui voit la nuit, nommé en grec Phinis &
en latin Offifragus. BELON *hift. nat. des Oif. p. 97. f. p.* 98.
Offifraga. ALDROV. *Ornith. I. p. 222. fig. p.* 325.
Haliætus i. e. Aquila marina; the Sea Eagle or Ofprey. WIL-
LUGHB. *Orn. p.* 29.
Haliæëtus feu Offifraga. RAJI *fyn. av. p.* 7.
The Sea Eagle. *Britt. Zool. fol. p.* 63. 8vo *I. p.* 127.
Le grand Aigle de mer. Aquila fubalbo, fufco & ferrugineo
varia; ventre albido, maculis ferrugineis notato; tectricibus
caudæ fuperioribus albicantibus, nigro maculatis ; rectrici-
bus extremitate nigris ; pedibus in parte fuprema pennis
fufco-ferrugineis veftitis. Aquila Offifraga. BRISS. *Orn. I.
p.* 437.
Beinbrecher. Klein nat. Ord. S. 41.
L'Orfraie. BUFF. *hift. nat. des Oif. I. p.* 112. *tab.* 3.
Le grand Aigle de Mer. *Pl. enl. nr.* 412.
L'Orfraie ; ou l'Offifraque. Le grand Aigle de mer, femelle
Pl. enl. nr. 415.
Falco (Offifragus) cera lutea pedibusque femilanatis, corpore
ferrugineo, rectricibus latere interiore albis. LINN. *fyft.
nat. I. p.* 124.

Auffenthalt: Europa.

Fifch = 8. Adler mit halbbefiederten Füffen und runden Schwanze.
Le Pygargue. BUFF. *hift. nat. des Oif. p.* 99.
α. Der groffe Fifch-Adler.
Pygargus. GESN. *av. p.* 199.
Pygargus. ALDROV. *Orn. p.* 205. *fig. p.* 206.
Pygargus feu Albicilla, quibusdam Hinnularia. WILL. *Orn. p.* 31.
Pygargus, Albicilla Gazæ, quibusdam Hinnularia. RAJI *fyn. p.* 7.
Weißkopf. Gelbfchnabel. Weißfchwanz. Klein nat. Ord.
S. 41.
The Erne. *Britt. Zool.* 8vo *I. p.* 131. *tab.* 3.
L'Aigle à queue blanche. Aquila obfcure ferruginea ; capite
albo, fcapis pennarum nigris; uropygio nigricante ; rectri-
cibus una medietate nigris; altera medietate albis ; pedibus
nudis. Aquila albicilla. BRISS. *Orn. I. p.* 427.
L'Aigle à queue blanche. *Pl. enl. nr.* 411.

Vultur

Vultur (Albicilla) cera pedibusque flavis, rectricibus albis; intermediis apice nigris. LINN. *syst. nat. I. p.* 123.

β. Der weißköpfige Fisch - Adler.
     Bald Eagle. CATESB. *Carol. I. tab.* 1.
     L'Aigle à tete blanche. Aquila fusca; capite, collo, rectricibusque albis; pedibus pennis fuscis in suprema parte vestitis. Aquila Leucocephalos. BRISS. *Orn. t. p.* 422.
     Falco (Leucocephalus) cera lutea, pedibusque semilanatis, corpore fusco capite caudaque albis. LINN. *syst. nat. I. p.* 124.
     Aquila di Testa e coda biänca. GERINI *Orn. I. p.* 40. *t.* 8.

γ. Der kleine Fischadler.
     Der braunfahle Adler. Frisch Vög. Taf. 17.
     Le petit Aigle à queue blanche. Aquila superne obscure ferruginea, inferne ex ferrugineo & subnigro varia; capite & collo e cinereo dilute castaneis, apicibus pennarum nigricantibus; rectricibus albis; pedibus nudis. Aquila Albicilla minor. BRISS. *Orn. I. p.* 429.

Auffenthalt: Europa, β auch in Amerika.

Weißköpfiger 9. Adler mit halbbefiederten Füssen und keilförmigem Schwanze.
     Die Beschreibung folgt unten.

Meer = 10. Adler mit nackten Füssen, und sehr langen Flügeln.
     α. Der Europäische Meer - Adler.
        Haliætus i. e. Aquila marina. GESN. *av. p.* 194. Die Figur steht *p.* 193. unter dem Namen Aquila Anataria.
        Orfraye. BELON *hist. nat. des Ois. p.* 196.
        Haliætus. ALDROV. *Orn. I. p.* 187.
        Balbufardus, the Bald Buzzard. WILL. *Orn. p.* 37. *tab.* 4. *f.* 1.
        Schell-Adler, Klingender Adler. Klein nat. Ord. S. 42.
        The Osprey. *Britt. Zool. fol. p.* 63. *tab. A* 1. *8vo p.* 123.
        L'Aigle de Mer. Aquila superne fusca, inferne alba; occipitio candido; rectricibus lateralibus interius albo transversim striatis; pedibus nudis. Haliætus, seu Aquila marina. BRISS. *Ornith. I. p.* 440. *tab.* 34.

Le

Le Balbuzard. Buff. *hift. nat. des Oif. I. p.* 103. *tab.* 2.
Le Balbuzard. *Pl. enl. nr.* 414.
Falco (Haliætus) cera pedibusque cæruleis, corpore fupra fufco
fubtus albo, capite albido. Linn. *fyft. nat. I. p.* 129.

β. Der Amerikanifche Meeradler.
The fifhing Hawk. Catesd. *Carol. I. tab.* 2.
Le Faucon pecheur des Antilles. Accipiter fufcus; capitis ver-
tice nigro; ventre albo. Falco pifcator Autillarum. Briss.
Orn. I. p. 361.
Le Faucon pecheur de la Caroline. Accipiter fuperne faturate
fufcus, inferne albus; vertice fufco, albo variegato; pedi-
bus pallide cæruleis. Falco pifcator Carolinenfis. Briss.
Orn. I. p. 142.
Le Pecheur. Buff. *hift. nat. des Oif. I. p.* 362.
Auffenthalt: α Europa am Strande β Amerika.

Weißfuß = 11. Adler mit halbbefiederten Füffen, und langen Flügeln.
. Aquila leucorypha. Pallas Reifen I. S. 454.
Auffenthalt: Am Jaik.

Bart = 12. Adler mit einem Barte.
Gmelins Reifen III. S. 364. Taf. 38.
Auffenthalt: Perfien.
Sollte diefer Adler nicht der Vultur Albicilla des Linne' feyn? —
und follte diefer nicht vielleicht auch hieher gehören?

Heiliger 13. Adler mit gezähnten Schnabel und graden Schwanze.
L'Aigle de Pondichery. Aquila caftanea, fcapis pennarum ni-
gricantibus; capite, collo & pectore albis, lineolis longitu-
dinalibus fufcis variis; remigibus fex primoribus ultima me-
dietate nigris; pedibus nudis. Aquila Pondiceriana. Briss.
Orn. I. p. 450. *tab.* 35.
L'Aigle de Pondichery. Buff. *hift. nat. des Oif. I. p.* 136.
L'Aigle des grandes Indes. *Pl. enl. nr.* 416. nach Briffon.
Auffenthalt: Pondichery.

M   Roth=

Rothhalsigter 14. Adler mit nackten Füssen, ungezähnelten Schnabel und kurzen Flügeln.

Le petit Aigle d'Amerique. Buff. *hist. nat. des Ois. I. p.* 142.

L'Aigle d'Amerique. *Pl. enl. nr.* 417.

Auffenthalt : Südamerika.

Kleiner 15. Adler mit gezähnten Schnabel und ausgeschnittnen Schwanze.

The little black and orange - coloured Indian Hawk. Edw. *birds III. tab.* 108.

Le Faucon de Bengale. Accipiter superne splendide niger, inferne aurantius; oculorum ambitu nudo, luteo; syncipite & genis candidis, genis tænia longitudinali nigra notatis; rectricibus nigris, lateralibus interius albo transversim striatis. Falco Bengalensis. Briss. *Orn. Suppl. p.* 20.

Falco (cærulescens) cera, palpebris, pedibus subtusque luteis, dorso nigro-cærulescente, temporibus linea alba inclusis. Linn. *syst. nat. I. p.* 125.

Auffenthalt : Bengalen.

Falke.

Schnabel von der Wurzel an gekrümmt; mit einer nackten Wachshaut.

Hauben= 1. Falke mit befiederten Füssen und einer Haube auf dem Kopfe.

Falco Indicus cirratus. Willughb. *Ornith. p.* 48.

Falco Indicus cirratus. Raji *syn. av. p.* 14.

Le Faucon hupé des Indes. Accipiter cirratus; superne nigricans inferne ex albo & nigro transversim striatus; collo fulvo; rectricibus areolis alternatim cinereis & nigris. Falco Indicus cristatus. Briss. *Orn. I. p.* 360.

Falco Indicus cirratus. Buff. *hist. nat. des Ois. I. p.* 271.

Auffenthalt: Brasilien.

Rauch=

Rauchfuß = 2. Falke mit befiederten Füssen ohne Federbusch.

    α. Der nordische Rauchfuß = Falke.

        The Gyrfalcon. *Britt. Zool.* 8*vo I. p.* 135. *tab.* 4.

        Le Gerfault. Accipiter albus, maculis fuscis superne varius; rectricibus albis, lateralibus exterius fusco-maculatis; rostro pedibusque ex dilute cinereo cærulescentibus. Gyrfalco. Briss. *Orn. I. p.* 370. *tab.* 30. *fig.* 2.

        Le Gerfault blanc. Buff. *hist. nat. des Ois. I. p.* 241.

        Gerfault blanc des païs de Nord. *Pl. enl. nr.* 446. nach Brisson.

    β. Der deutsche Geyerfalke.

        Der Rauchfuß = Geyer, Gelbbraune Geyer. Frisch Vög. Taf. 75.

        Le Faucon à tete blanche. Falco Leucocephalus. Briss. *Orn. I. p.* 325. (Abänderung des Edlen Falken.)

        Le Faucon patu. Accipiter superne fusco-nigricante, violaceo adumbrato, & sordide griseo variegatus, inferne fulvo-fuscescens, lineolis longitudinalibus nigricantibus varius; capite & collo superiore fulvo-griseis, lineolis nigricantibus variegatis; taenia supra oculos nigra; rectricibus fuscis, versus extremitatem nigricantibus, sordide griseo in apice marginatis, lateralibus interius albido maculatis; pedibus pennatis. Falco pedibus pennatis. Briss. *Suppl. p.* 22. *tab.* 1. Buff. *hist. nat. des Ois. I. p.* 256.

    γ. Der Grönländische Rauchfuß = Falke.

        Falco Islandus. Falco albus maculis cordatis nigricantibus, rectricibus albis nigro fasciatis. Fabric. *Faun. Groenl. p.* 58.

Auffenthalt: die nördlichen Gegenden von Europa und Amerika.

Geyer = 3. Falke mit halbbefiederten Füssen, graden Schwanze, und ungezähnelten Schnäbel.

    α. Der gemeine Geyerfalke.

        Hierofalchus. Gesn. *aves p.* 66.

        Gerfault. Belon *Orn. p.* 94.

Gyr.

Gyrfalco. ALDROV. *Ornith. I. p.* 471. *fig. p.* 473.
Gyrfalco, anglice the Jerfalcon, cuius mas five Tertiarius dicitur the Jerkin. WILL. *Ornith. p.* 44. *tab.* 8. *fig.* 2.
Gyrfalco. RAJI *fyn. av. p.* 13.
Gyrfalke. Klein nat. Ord. S. 46.
Le Gerfault d'Islande. Gyrfalco Islandicus. BRISS. *Ornith. I. p.* 733. *tab.* 31. (Verschiedenheit des Rauchfuß-Falken.)
Le Gerfault. BUFF. *hift. nat. des Oif. I. p.* 239. *tab.* 13.
Gerfault d'Islande. *Pl. enl. nr.* 210.
Gerfault de Norvege. *Pl. enl. nr.* 462.
Falco (Gyrfalco) cera cærulea, pedibus luteis, corpore fufco. subtus fafciis cinereis, caudæ lateribus albis. LINN. *fyft. nat. I. p.* 130.

β. **Der heilige Geyerfalke.**

Le Sacre, & fon Sacret. BEL. *hift. nat. des Oif. p.* 108.
Falco facer. ALDROV. *Ornith. I. p.* 467.
Falco facer, anglice the Sacre. WILL. *Orn. p.* 44.
Falco facer. RAJI *fyn. av. p.* 13.
Le Sacre. Falco facer. BRISS. *Orn. I. p.* 337. (Verschiedenheit des edlen Falken.)
Sacrefalke. Klein nat. Ord. S. 48.
Le Sacre. BUFF. *hift. nat. des Oif. I. p.* 246. *tab.* 14.

γ. **Aegyptischer Geyerfalke.**

Le Sacre Egyptien. BEL. *hift. nat. des Oif. p.* 110. *fig. p.* 111.
Accipiter facer Aegyptius. ALDROV. *Orn. I. p.* 378. *fig. p.* 379.

Auffenthalt: Europa und Egypten.

Lerchen = 4. **Falke mit halbbefiederten Füſſen und keilförmigen Schwanze.**

Le Jean le blanc, autrement nomme l'Oiſeau Saint Martin. BEL. *hift. nat. des Oif. p.* 103. *fig. p.* 104.
Le Jean - le - blanc. Aquila fuperne grifeo-fufca, inferne alba, fufco-rufefcente maculata; rectricibus exterius & apice fufcis, interius albis, fufco transverfim ftriatis; pedibus nudis. Pygargus. BRISS. *Ornith. I. p.* 443.

Le

Le Jean-le-blanc. Buff. *hift. nat. des Oif. I. p.* 124. *tab.* 4.
Le Jean-le-blanc. *Pl. enl. nr.* 413.
Auffenthalt : Frankreich und die Alpen.

Weihe= 5. Falke mit halbbefiederten Füßen und einem Scheerschwanze.
α. Der gemeine Weihe.

Milvus. Gesn. *av. p.* 558. *t.f.*
Le Milan Royal. Bel. *Oif. p.* 129. *fig. p.* 130.
Milvus. Aldrov. *Ornith. I. p.* 392.
Milvus, the Kite or Glead. Will. *Orn. p.* 41. *tab.* 6. *f.* 3.
Milvus. Raji *fjn. av. p.* 17.
Scheerschwänzel. Klein *nat.* Ord. S. 50.
The Kite. Albin *birds I. tab.* 4.
The Kite. *Britt. Zool. fol. p.* 66. *tab. A* 2. 8*vo I. p.* 141.
Le Milan Royal. Accipiter fubtus rufus, fufco fecundum pennarum fcapos longitudinaliter maculatus ; cauda forcipata. Milvus regalis. Briss. *Orn. I. p.* 414. *tab.* 32.
Le Milan. Buff. *hift. nat. des Oif. I. p.* 197. *tab.* 7.
Le Milan Royal. *Pl. enl. nr.* 422.
Falco (Milvus) cera flava, cauda forficata, corpore ferrugineo, capite albidiore. Linn. *fyft. nat. I. p.* 126.

β. Der Rußische Weihe.

Der Korchun. Gmel. *Reif. I.* S. 149.
Auffenthalt: Europa, Afien und Africa.

Mäufe= 6. Falke mit ausgefchnittnen Schwanze.

Le Milan noir. Bel. *Oif. p.* 131.
Le Milan noir. Accipiter fuperne fufcus, inferne albicans ; capite, collo & uropygio albicantibus ; remigibus maioribus nigris. Milvus niger. Briss. *Orn. I. p.* 413.
Le Milan noir. Buff. *hift. nat. des Oif. I. p.* 203.
Le Milan noir. *Pl. enl. nr.* 472.

Auffenthalt: Das füdliche Europa. Er ift ein Zugvogel.

Tauben= 7. Falke mit halb befiederten Füßen , graden Schwanze und gezähnelten Schnabel.

　　　　The

The Pigeon-Hawk. CATESB. *Carol. I. tab.* 3.

L'Epervier de-la Caroline. Accipiter fuperne fufcus, inferne albus, fufco admixto; remigibus interius rubefcente maculatis; rectricibus tæniis quatuor transverfis, albis præditis. Accipiter Carolinenfis. BRISS. *Orn. I. p.* 378.

Buntfchwänzel. Klein Nat. Ord. S. 51.

L'Epervier des Pigeons. BUFF. *hift. nat. des Oif. I. p.* 238.

Falco (Columbarius) cera pedibusque luteis, corpore fufco fubtus albido, cauda fufca, fafciis linearibus quatuor albis. LINN. *fyft. nat. I. p.* 128.

Auffenthalt : Nordamerika.

Wespen = 8. Falke mit halb befiederten Füſſen, graden Schwanze, und halb gezähnelten Schnabel.

Buteo. GESN. *av. p.* 45.

Le Goivan ou Bondrée. BEL. *Oif. p.* 101.

Buteo. ALDROV. *Ornith. I. p.* 363. *fig. p.* 365. 367. 368. 370.

Buteo Apivorus feu Vefpivorus, anglice the Honey-Buzzard. WILL. *Orn. p.* 39. *t.* 3. *f.* 4.

Buteo Apivorus feu Vefpivorus. RAJI *fyn. av. p.* 16.

The Honey Buzzard. ALBIN *birds I. t.* 2.

The Honey Buzzard. *Britt. Zool. fol. p.* 67. *tab. A* 4. 8*vo I. p.*145.

La Bondrée. Accipiter fuperne fufcus, inferne ex albo & fufco varius ; cera nigra ; rectricibus fufcis , fufco faturatiore transverfim ftriatis, apice albo - rufefcentibus, lateralibus tæniis albis interius variegatis. Buteo apivorus. BRISS. *Orn. I. p.* 410.

La Bondrée. BUFF. *hift. nat. des Oif. I. p.* 208.

La Bondrée. *Pl. enl. nr.* 420.

Falco (apivorus) cera nigra , pedibus feminudis flavis, capite cinereo, cauda fafcia cinerea, apice albo. LINN. *fyft. nat. I. p.* 130.

Auffenthalt: Europa.

Schwalbenſchwanz = 9. Falke mit nackten Füſſen und einem Scheer= ſchwanze.

The Swallow-tailed Hawk. CATESB. *Carol. I. tab.* 4.

Schwalben=

Schwalbenfalk. Klein nat. Ord. S. 50.

Le Milan de la Caroline. Accipiter fuperne faturate purpura-
fcens, inferne albus; capite & collo albis; remigibus rectri-
cibusque purpurafcentibus; viridi mixtis; cauda forcipata.
Milvus Carolinenfis. Briss. Orn. I. p. 418.

L'Epervier à queue d'hirondelle. Buff. hift. nat. des Oif. I, p. 221.
und 203.

Falco (furcatus) cera obfcura, pedibus flavefcentibus, corpore
fupra fufco, fubtus albido, cauda forficata longiffima. Linn.
fyft. nat. I. p. 129.

Auffenthalt: Nordamerika.

Adler 10. Falke mit nackten kurzen Füſſen, halb gezähnelten Schnabel, graben kurzen Schwanze und mittelmäßigen
Flügeln.

Le Faucon. Buff. hift. nat. des Oif. I. p. 246.

a. Der deutſche Falke.

Falco gentilis. Gesn. av. p. 70.
Falco gibbofus. Gesn. av. p. 71.
Faucon. Bel. Oif. p. 115. fig. p. 117.
Falco gentilis. Aldrov. Orn. I. p. 481. fig. p. 433.
Falco gibbofus. Aldrov. Orn. I. p. 484.
Falco gentilis, i. e. nobilis dictus. Will. Orn. p. 46.
Falco gibbofus, the Haggart Falcon. Will. Orn. p. 46.
Falco gentilis, i. e. nobilis dictus. Raji fyn. p. 13.
Falco gibbofus. Raji fyn. p. 14.
The gentil Falcon. Albin birds I. tab. 6.

Der ſchwarzbraune Falk. Friſch Vög. S. 74.
Edler Falk. Klein nat. Ord. S. 48.

Le Faucon. Accipiter fufcus, oris pennarum rufefcentibus;
rectricibus fufcis, fufco-faturatiore transverfim ftriatis. Falco.
Briss. Orn. I. p. 321.

Le Faucon fors. Falco hornotinus. Briss. Orn. I. p. 324. A.
Le Faucon hagart, ou boffu. Falco gibbofus. Briss. Ornith. I.
p. 324. B.
Le Faucon gentil. Accipiter fuperne faturate fufcus, apicibus

pennarum

. pennarum ferrugineis, inferne flavefcens, maculis longitudinalibus fufcis varius ; rectricibus fufcis, tæniis transverfum
nigricantibus variegatus. Falco gentilis. BRISS. *Orn. I. p.* 339.

Le Faucon pelerin. Accipiter fuperne cinereus, tæniis transverfis cinereo - fufcis ftriatus, inferne albo rufefcens, tæniis
transverfis nigricantibus varius ; rectricibus alternatim cinereo & nigricante transverfim ftriatis, albo rufefcente terminatis. Falco peregrinus. BRISS. *Orn. I. p.* 341.

BUFF. *hift. nat. des Oif. p.* 258. *tab.* 15. 16.

Le Lanier. (falfch für Tiercelet de Faucon de la troifieme année) *Pl. enl. nr.* 430.

Le Faucon. *Pl. enl. nr.* 421.

Le Faucon fors. *Pl. enl. nr.* 470.

Falco (gentilis) cera pedibusque flavis, corpore cinereo, maculis fufcis, cauda fafciis quatuor nigricantibus. LINN.
fyft. nat. I. p. 126.

β. **Der rothe Falke.**

Falco rubeus. ALDROV. *Ornith. I. p.* 493.

Falco rubeus. WILL. *Orn. I. p.* 47.

Faucon rouge. Falco rubeus. BRISS. *Orn. I. p.* 332.

γ. **Der Italiänifche Falke.**

Le Faucon d'Italie. Falco Italicus. BRISS. *Orn. I. p.* 336.

Auffenthalt : Europa.

Wander= 11. **Falke mit kurzen nackten Füſſen, gezähnten Schnabel,
und runden Schwanze.**

α. **Der ſchwarze Zugfalke.**

Falco peregrinus. GESN. *av. p.* 69.

Falcones Mediani. GESN. *av. p.* 70.

Falco niger. GESN. *av. p.* 71.

Falco peregrinus. ALDROV. *Orn. I. p.* 461. *fig. p.* 464.

Falco peregrinus. WILL. *Orn. p.* 43. *tab.* 8. *fig.* 1.

Falco peregrinus. RAJI *fyn. av. p.* 13.

Tlotli, Falco columbarius Nubbi dictus. RAJI *fyn. p.* 161.

The black Falcon. EDW. *birds I. tab.* 4.

Der ſchwarzbraune Habicht. Friſch Vög. Taf. 93.

Peregrin

Peregrin Falcon. *Britt. Zool. 8vo I. p.* 136.
Le Faucon noir. Falco niger. Briss. *Orn. I. p.* 327. (Ver
schiedenheit des Edlen Falken.)
Le Faucon noir. Buff. *hist. nat. des Oif. f. p.* 268.
Le Faucon noir & paſſager. *Pl. enl. nr.* 469.
Falco fuſcus. Falco cera pedibusque plumbeis, ſupra ſubfuſcus,
ſubtus albidus, maculis fuſcis longitudinalibus. Fabric.
Fn. Grœnl. p. 56.

β. Der gefleckte Zugfalke.
The ſpotted Falcon. Edw. *birds I. tab.* 3.
Le Faucon tacheté. Falco maculatus. Briss. *Orn. I. p.* 329.
(Verſchiedenheit des Edlen Falken.)
Buffon *hist. nat. des Oif. I. p.* 269.

γ. Nordiſcher Zugfalke.
Falco (ruſticolus) cera palpebris pedibusque luteis, corpore
cinereo alboque undulato, collari albo. Linn. *ſyst. nat. I.*
p. 125.
Falco ruſticolus. Fabric. *Fn. Grœnl. p.* 55.

δ. Der geſtirnte Wanderfalke.
Falco cyanopus. Gesn. *av. p.* 73.
Falco cyanopus. Aldrov. *Orn. I. p.* 495.
Blaufuß. Klein *nat. Ord. S.* 51.
Le Faucon etoilé. Accipiter ſuperne nigricans, maculis ſtellas
referentibus reſperſis, inferne ex albo & nigro varius, pedi-
bus cæruleis. Falco ſtellaris. Briss. *Orn. I. p.* 359.

ε. Der Indianiſche Wanderfalke.
Falcones rubri, aliis Indici. Aldr. *Orn. I. p.* 494. *fig. p.* 495. 496.
Falcones rubri Indici Aldrovandi. Will. *Orn. p.* 47. *tab.* 9. *f.* 1.
Falcones rubri Indici Aldrovandi. Raji *ſyn. av. p.* 14.
Le Faucon rouge des Indes. Falco ruber Indicus. Briss. *Orn. I.*
p. 333. (Verſchiedenheit des Edlen Falken.)
Le Faucon rouge des Indes Orientales. Buff. *hist. nat. des Oif. I.*
p. 270.

Auffenthalt: Die alte Welt.

N   Räuber;

Räuber = 12. Falke mit sehr kurzen Schwanze.
>   Accipiter ferox. GMELIN : *Nov. Comment. Acad. Petropol. XV.*
>   *p. 442. tab. 10.*
>   Auffenthalt : Astrachan.

Langschwanz = 13. Falke mit borstigen Federn an den Nasenlöchern
und der Wachshaut.
>   Accipiter Macrourus, GMELIN : *Nov. Com. Acad. Petrop. XV|*
>   *p. 439. tab.* 8.
>   Auffenthalt : Das südliche Rußland.

Blaufuß = 14. Falke mit nackten kurzen Füßen, gezähnten Schnabel
und runden kurzen Schwanze.
>   The ash-coloured Buzzard. EDW. *birds II. tab. 53.*
>   Le Faucon de la Baye de Hudson. Accipiter superne cinereo-
>   fuscus, inferne ex albo & saturate fusco varius ; prima re-
>   mige exterius albicante maculata ; rectricibus subtus cine-
>   reis, albo transversim striatis ; pedibus cinereo- cærulescen-
>   tibus. Falco Freti Hudsonis. BRISS. *Orn. I. p. 356.*
>   La Buse cendrée. BUFF. *hist. nat. des Ois. I. p. 223.*
>   Auffenthalt : Hudsonsbay.

Dickschnablichter 15. Falke mit sehr kurzen Flügeln.
>   L'Epervier à gros bec de Cayenne. BUFF. *hist. nat. des Ois. I.*
>   *p. 237.*
>   Epervier à gros bec de Cayenne. *Pl. enl. nr. 464.*
>   Auffenthalt : Cayenne.

Brauner 16. Falke mit ungezähnelten Schnabel und runden
Schwanze.
>   Le Faucon brun. Falco fuscus. BRISS. *Orn. I. p. 331.* (Ver-
>   schiedenheit des Edlen Falken.)
>   Der braunfahle Geyer. Frisch Vög. Tf. 76.
>   Die Beschreibung folgt unten.

Blauer 17. Falke mit ungezähnelten Schnabel und keilförmigen
Schwanze.

Falco

Falco Tunetanus? ALDROV. *Orn. I. p.* 483.
Falco Tunetanus, the Tunis or Barbary Falcon. WILL. *Orn. p.* 47.
The Barbary Falcon. ALBIN *birds III. tab.* 4.
Barbarfalfe. Klein nat. Ord. S. 58.
Le Faucon de Barbarie. BRISS. *Ornith. I. p.* 343. (Verschieden=
heit des Wanderfalken.)
Falco (barbarus) cera pedibusque luteis, corpore cærulefcente
fufcoque maculato, pectore immaculato, cauda fafciata.
LINN. *fyft. nat. I. p.* 125.

Auffenthalt : Barbarey.

Würger= 18. Falke mit mefferförmigen Schnabel und keilförmigen
Schwanze.
Le Lanier & fon Laneret. BEL. *Oif. p.* 113.
Lanarius Gallorum. ALDROV. *Orn. I. p.* 488.
Lanarius, the Lanner cuius mas five Tertiarius the Lanneret
dicitur. WILL. *Orn. p.* 48.
Lanarius. RAJI *fyn. av. p.* 15.
Groffer Schlachter. Klein nat. Ord. S. 48.
Lanneret. ALBIN *birds II. tab.* 7.
The Lanner. *Britt. Zool. 8vo I. p.* 138.
· Le Lanier. Accipiter fuperne fufco - ferrugineus, inferne albus,
maculis longitudinalibus nigris varius ; tænia fupra oculos
alba; alis maculis rotundis albis fubtus variegatis ; pedibus
cæruleis. Lanarius. BRISS. *Orn. I. p.* 363.
Le Lanier. BUFF. *hift. nat. des Oif. I. p.* 243.
Falco (Lanarius) cera lutea, pedibus roftroque cæruleis, cor-
pore fubtus maculis nigris longitudinalibus. LINN. *fyft. nat. I.
p.* 129.

Auffenthalt : Europa.

Brafilianifcher 19. Falke mit halbgezähnelten Schnabel und keilför=
migen Schwanze.
Caracara. MARCGRAV. *hift. nat. Brafil. p.* 211.
Milvus Brafilienfis Caracara dictus. RAJI *fyn. av. p.* 17.

Le Bufard du Brefil. Accipiter rufus, albis & flavis punctulis varius ; rectricibus ex albo & fufco variegatis. Circus Bra-filienfis. BRISS. *Orn. I. p.* 405.

Le Caracara. BUFF. *hift. nat. des Oif. I. p.* 222.

Auffenthalt : Brafilien.

Fifcher- 20. Falke mit nackten Füſſen und-einer kleinen Haube auf dem Kopfe.

Le Tanas. BUFF. *hift. nat. des Oif. I. p.* 275.

Le Tanas ou Faucon pecheur du Senegal. *Pl. enl. nr.* 478.

Auffenthalt : am Senegal.

Baum - 21. Falke mit ſehr langen Flügeln.

α. Der gemeine Baumfalke.

Dendrofalcus. GESN. *av. p.* 74. *t. f.*

Le Hobreau. BEL. *Oif. p. 18. f. p. 19.*

Subbuteo. ALDROV. *Orn. I. p. 373. fig. p. 374.*

Subbuteo, anglice the Hobby. WILL. *Orn. p. 49. tab. 7. f. 3.*

Dendrofalco. RAJI *fyn. av. p.* 14.

The Hobby. ALBIN *birds I. tab. 7.*

The Hobby. *Britt. Zool. fol. p. 69. tab. A9. 8vo. I. p. 150.*

Le Hobreau. Accipiter fuperne fufcus, inferne albus, maculis longitudinalibus fufcis varius, imo ventre, cruribusque rufis; rectricibus grifeo-fufcis, lateralibus interius rufo transverfim ftriatis. Dendrofalco. BRISS. *Orn. I. p. 375.*

Le Hobreau. BUFF. *Hift. nat. des Oif. I. p. 277. tab. 17.*

Le Hobreau. *Pl. enl. nro. 432.*

Varieté finguliere du Hobreau? *Pl. enl. nro. 431.*

Falco (fubbuteo) cera pedibusque flavis, dorfo fufco, nucha alba, abdomine pallido, maculis oblongis fufcis. LINN. *S. N. I. p. 127.*

β. Der Kopez.

Falco (vefpertinus) cera pedibus palpebrisque luteis, criffo femoribusque ferrugineis? LINN. *fyft. nat. I. p. 129.*

Der Kopez. Gmelins Reifen *I. p. 67. tab. 13.*

Auffenthalt: Europa.

Habicht-

Habicht = 22. Falke mit nackten mittelmäßigen Füssen und kurzen Flügeln.

α. Der gepfeilte Habicht.

Accipiter palumbarius? Gesn. av. p. 51. f. p. 2.
L'Autour. Bel. Oif. p. 112. c. f.
Asterias. Aldrov. Orn. I. p. 326. fig. p. 340. 341.
Accipiter palumbarius. Aldrov. Orn. I. p. 342. fig. p. 343.
Accipiter palumbarius, anglice the Goshawk. Will. Orn. p. 51. tab. 3. fig. 1. tab. 5. fig. 3.
Accipiter palumbarius Aldrovandi & aliorum. Raji syn. av. p. 18.
The Goshawk. Alb. birds II. tab. 8.
Taubenfalk. Klein Nat. Ord. S. 49.
Der große gesperberte Falk. Frisch Vög. Tf. 82.
Der grosse gepfeilte Falk. Frisch Vögel Tf. 81.
L'Autour. Accipiter superne fuscus, inferne albus, taeniis transversis lanceolatis fuscis varius; rectricibus fuscis; fusco saturatiore transversim striatis, apicis margine albo. Astur. Briss. Orn. I. p. 317.
The Goshawk. Britt. Zool. 8vo. I. p. 140. tab. 5.
L'Autour. Buff. hift. nat. des Oif. I. p. 230. tab. 12.
L'Autour. Pl. enl. uro. 418.
L'Autour fors. Pl. enl. uro. 461.
Falco (palumbarius) cera nigra margine pedibusque flavis, corpore fusco, rectricibus fasciis pallidis, superciliis albis. Linn. syst. nat. I. p. 130.

β. Der röthliche Habicht.

Der Hünerhabicht. Frisch Vög. Tf. 72. 73.
Le gros Busard. Accipiter superne fuscus, oris pennarum rufescentibus, inferne rufescens, maculis ovalibus fuscis varius; rectricibus fuscis, fusco saturatiore transversim striatis. Circus major. Briss. Orn. I. p. 398.
Le Busard varié. Circus varius. Briss. Orn. I. p. 400. A.

γ. Der Cayennische Habicht.

L'Autour de Cayenne. Buff. hift. nat. des Oif. I. p. 237.

Petit

Petit Autour de Cayenne. *Pl. enl. nro.* 437.

Auffenthalt : α und β in Europa, γ in Cayenne.

Finken = 32. Falke mit nackten mittelmäßigen Füßen und graden
kurzen Schwanze.
Der Baumfalke. Frisch Vög. Tf. 87.
Auffenthalt : Deutschland.

Rostiger = 24. Falke mit nackten mittelmäßigen Füssen, graden
Schwanze, ungezähnelten Schnabel und lan=
gen Flügeln.

Le Fau - perdrieux. BEL. *Oif. p. 114.*
Circus. ALDROV. *Orn. I. p. 351.*
Milvus aeruginofus. ALDR. *Orn. I. p. 395.*
Milvus aeruginofus. The More Buzzard. WILL. *Orn. p. 42. tab. 7. f. 1.*
Milvus aeruginofus. RAJI *fyn. av. p. 17.*
The Moor Buzzard. ALB. *birds I. tab. 3.*
Buntrostiger Falk. Klein Nat. Ord. S. 50.
Der schwarzbraune Fischgeyer. Frisch Vög. S. 77.
The Moor Buzzard. *Britt. Zool. fol. p. 67. tab. A 5. 8vo. I. p. 146.*
Le Bufard de Marais. Accipiter fufco - ferrugineus, rufefcente va-
rius; rectricibus fubtus grifeis; tribus extimis interius rufo
maculatis. Circus paluftris. BRISS. *Orn. I. p. 401.*
Le Bufard. BUFF. *hift. nat. des Oif. I. p. 218. tab. 10.*
Le Bufard? *Pl. enl. uro. 423.*
Le Bufard de Marais. *Pl. enl. nr. 424.*
Falco (aeruginofus) cera virefcente, corpore grifeo, vertice gula
axillis pedibusque luteis. LINN. *fyft. nat. I. p. 130.*
Accipiter Korchun. GMELIN : *Nov. Comment. Acad. Petrop. XV.*
p. 44. tab. 11 a.

Auffenthalt : Europa.

Bushart = 25. Falke mit nackten mittelmäßigen Füssen, gezähnten
Schnabel, graden Schwanze und langen Flügeln.
La Bufe ou Bufard. BEL. *Oif. p. 100. fig. p. 101.*
Buteo vulgaris, anglice the Buzzard. WILL. *Orn. p. 38. tab. 6.
fig. 2.*

Buteo

Buteo vulgaris five Triorches. RAJI *syn. av. p.* 16.
The common Buzzard. ALB. *birds I. tab.* 1.
Bushard. Klein nat. Ord. S. 50.
The common Buzzard. *Britt. Zool. fol. p.* 66. *tab. A* 3. *8vo I.*
' *p.* 143.
La Bufe. Accipiter fufco ferrugineus; pectore & ventre ex albo
& fufco-ferrugineq variis; rectricibus fufcis , fufco fatura-
tiore transverfim ftriatis, apice albo-rufefcentibus. Buteo
BRISS. *Orn. I. p.* 406.
La Bufe. BUFF. *hift. nat. des Oif. I. p.* 206. *tab.* 8.
La Bufe. *Pl. enl. nr.* 419.
Falco (Buteo) cera pedibusque luteis, corpore fufco, abdomine
pallido, maculis fufcis. LINN. *fyft. nat. I. p.* 127.

Auffenthalt : Europa.
Brand= 26. Falke mit nackten mittelmäßigen Füssen, halbgezähnelten
Schnabel, und langen runden Schwanze.
Der Fischgeyer, Brandgeyer. Frisch Vög. Tf. 78.
Le Bufard roux. Accipiter rufus, maculis longitudinalibus fu-
fcis varius; dorfo & uropygio fufcis; rectricibus cineris.
Circus rufus. BRISS. *Orn. I. p.* 404.
La Harpaye. BUFF. *hift. nat. des Oif. I. p.* 217.
La Harpaye. *Pl. enl. nr.* 460.

Auffenthalt : Deutschland und Frankreich.
Stein= 27. Falke mit nackten mittelmäßigen Füssen, gezähnten
Schnabel und runden Schwanze.
α. Der Thurmfalke.
Tinnunculus. GESN. *av. p.* 53. *t. f.*
La Crefferelle. BEL. *Oif. p.* 124. *f. p.* 125.
Tinnunculus feu Cenchris. ALDR. *Orn. I. p.* 356. *fig. p.* 358.
(das Männchen) 359. 360. (das Weibchen.)
Tinnunculus feu Cenchris, anglice the Keftrell or Stannel, non-
nullis the Windhover. WILL. *Orn. p.* 50. *tab.* 5. *f.* 1.
Tinnunculus feu Cenchris Aldrovandi. RAJI *fyn. av. p.* 16.
The Keftrell. ALB. *birds I. tab.* 7. (das Weibchen) III. *tab.* 5.
(das Männchen.)

Wannenweyer,

Wannenweher, Graukopf, Steinmaß. Klein Nat. Ord. S. 48.
Mauerfalk. Klein nat. Ord. S. 49.
Der Röthel-Geyer. Frisch Vög. Taf. 84. (das Weibchen.)
Der rothe Falk. Frisch Vög. Taf. 85. (das Männchen.)
Der Mäuse-Falk. Frisch Vög. Taf. 88.
The Kestril. *Britt. Zool. fol. p. 68. tab. A 8. f. 1.* (das Männchen) *fig. 2.* (das Weibchen) *8vo I. p. 149.*
La Cresserelle. Accipiter superne rufo-vinaceus, nigricante maculatus, inferne ex rufefcente ad vinaceum vergens, macu-
lis nigricantibus varius; capite cinereo (maculis nigrican-
tibus vario in foemina); rectricibus cinereis, apice nigris,
albo terminatis. Tinnunculus. Briss. *Orn. I. p. 399.*
L'Epervier des Alouettes. Accipiter superne rufus, fufco transverfim ftriatus, inferne rufefcens, maculis longitudinalibus
fufcis varius; rectricibus grifeo rufefcentibus fufco transverfim ftriatis, apice nigricantibus, albo terminatis. Accipiter
Alaudarius. Briss. *Orn. I. p. 379.*
La Cresserelle. Buff. *hift. nat. des Oif. I. p. 280. tab. 18.*
La Cresserelle. *Pl. enl. nr. 401.*
La Cresserelle femelle. *Pl. enl. nr. 471.*
Falco (Tinnunculus) cera pedibusque flavis, dorfo rufo, pun-
ctis nigris, pectore ftriis fufcis, cauda rotunda. Linn.
fyft. nat. I. p. 127.

β. Der afchgraue Steinfalke.

Lithofalcus. Gesn. *av. p. 74.*
Falco lapidarius. Aldr. *Orn. I. p. 401.*
Lithofalco & Dendrofalco feu Falco lapidarius & arborarius.
Will. *Orn. p. 47.*
Lithofalco. Raji *fyn. av. p. 14.*
Der Steinfalke. Frisch Vög. Tf. 86.
Le Faucon de Roche ou Rochier. Accipiter superne cinereus,
fcapis pénnarum nigricantibus, inferne rufefcens, maculis
longitudinalibus fufcis varius; rectricibus cinereis, apice,
nigricantibus, albo-terminatis; lateralibus nigricante trans-
verfim ftriatis. Litho-Falco. Briss. *Orn. I. p. 349.*
Le Rochier. Buff. *hif. nat. des Oif. I. p. 286.*

Le

Le Rochier. *Pl. enl. nr.* 147.

γ. Der Bergfalke.
Falco montanus. GESN. *av. p.* 68.
Falco montanus. ALDR. *Orn. I. p.* 477.
Falco montanus. WILL. *Orn. p.* 45.
⸭ Falco montanus. RAJI *syn. av. p.* 13.
Birkfalk. Klein nat. Ord. S. 51.
Le Faucon de montagne ou montagné. Accipiter superne fuscus aut cinereus; capite nigro; pectore maculis rotundis insignito. Falco montanus. BRISS. *Orn. I. p.* 352.

δ. Das Schmierlein.
Aesalon. GESN. *av. p.* 43. *fig. p.* 44.
L'Emerillon. BEL. *Ois. p.* 120.
Aesalon. ALDR. *Orn. I. p.* 355. *fig. p.* 428.
Aesalon anglice the Merlin. WILL. *Orn. p.* 50. *tab.* 3. *fig.* 3.
Aesalon Belonii & Aldrovandi. RAJI *syn. av. p.* 15.
Sperber. Klein nat. Ord. S. 49.
Der kleinste rothe Falk. Frisch Vög. Tf. 89.
L'Emerillon. Accipiter superne rufo-vinaceus, nigro transversim striatus, inferne rufescens ad vinaceum inclinans, maculis longitudinalibus nigricantibus varius; rectricibus rufovinaceis, nigro transversim striatis, taenia apicis latiore. Aesalon. BRISS. *Orn. I. p.* 382.
The Merlin. *Britt. Zool. fol. p.* 70. *tab. A* 12. *8vo I. p.* 153.
L'Emerillon. BUFF. *hist. nat. des Ois. I. p.* 288. *tab.* 19.
L'Emerillon. *Pl. enl. nr.* 468.

ε. Das Antillische Schmierlein.
L'Emerillon des Antilles. Accipiter superne rufus, maculis nigris varius, inferne albus, maculis longitudinalibus nigris notatus. Aesalon Antillarum. BRISS. *Orn. I. p.* 385.
L'Emerillon des Antilles. BUFF. *hist. nat. des Ois. I. p.* 270.

ζ. Das Cayennische Schmierlein.
BUFF. *hist. nat. des Ois. I. p.* 270.
Emerillon de Cayenne. *Pl. enl. nr.* 444.

η. Das Carolinische Schmierlein.

O   The

The little Hawk. CATESB. *Carol. I. tab. 5.* (das Männchen.)
Kalotchen Falk. Klein nat. Ord. S. 50.
L'Emerillon de la Caroline.. Accipiter superne rufo-vinaceus,
 nigro transversim striatus; capite cinereo-cærulescente, vertice rufo-vinaceo; rectricibus alarum superioribus cinereo-
cærulescentibus (Mas), rufo-vinaceis (Fœmina), nigro
transversim striatis; rectricibus rufo-vinaceis, nigro terminatis (Mas), nigro transversim striatis (Fœmina). Aesalon Carolinensis. BRISS. *Orn. I. p. 386. tab. 32. f. 1.* (das
Weibchen.)
Falco (sparverius) cera lutea, capite fusco, vertice abdomine-
que rubro, alis cærulescentibus. LINN. *syst. nat. I. p. 128.*

9. Der Dominikanische Thurmfalke.
L'Emerillon de S. Domingue. Accipiter superne rufo-vinaceus nigro maculatus, inferne sordide albus, nigris maculis varius, capite cinereo; rectricibus octo (Mas), decem
(Fœmina), intermediis castaneis, apice nigris albicante terminatis. Aesalon Dominicensis. BRISS.*Orn. I. p. 389. tab. 32. f. 2.*
Emerillon de S. Domingue. *Pl. enl. nr. 465.*

Auffenthalt: Europa, Asien und Amerika.

Ringel- 28. Falke mit langen Füssen, ungezähnelten Schnabel, und
kurzen runden Schwanze.

a. Der gemeine Ringelfalke.
Un autre oiseau St. Martin. BEL. *Ois. p. 104.* (das Männchen.)
Lanarius. ALDROV.*Orn. I. p. 380. f. p. 381-382.* (das Männchen.)
Pygargus accipiter, Subbuteo Turn: anglice The Ringtail, cuius
mas Henharrow seu Henharrier dicitur. WILL. *Orn. p. 40.*
tab. 7. fig. 2.
Pygargus accipiter. RAJI *syn. av. p. 17.*
The Henharrier. ALB. *birds II. tab. 5.* (das Männchen.)
The Ringtail. ALB. *birds III tab. 3.* (das Weibchen.)
The blew Hawk. EDW. *Glean. I. tab. 225.*
The Ringtail'd Falcon. EDW.*birds III. tab. 107.* (das Weibchen.)
Bleyfalk. Klein nat. Ord. S. 51.
Der grauweisse Geyer. Frisch Vög. Tf. 79.

Le

Le Faucon à collier. Accipiter fuperne cinereus, inferne albus, maculis transverfis fufcis varius; tectricibus caudæ fuperioribus albis; ferrugineo maculatis; rectricibus lateralibus nigricante transverfim ftriatis (mas). Accipiter fuperne obfcure ferrugineus, inferne albo-rufefcens, maculis longitudinalibus fufcis varius; tectricibus caudæ fuperioribus albis, ferrugineo maculatis; capite torque cincto; rectricibus lateralibus nigricante transverfim ftriatis (fœmina). Falco torquatus. Briss. *Orn. I. p.* 345.

Le Lanier cendré. Accipiter cinereus; ventre albo, pennis in medio rufo notatis; rectricibus lateralibus interius fufco transverfim ftriatis. Lanarius cinereus. Briss. *Orn. I. p.* 365. (Das Männchen.)

L'Epervier de la Baye de Hudfon. Accipiter fuperne obfcure fufcus, inferne albus, maculis fufco-rufefcentibus varius; tænia fupra oculis & uropygio candidis; capite pofteriore, & collo inferiore grifeo-fufcis, fufco obfcuriore variegatis; rectricibus binis intermediis fufcefcentibus; utrinque proxime fequenti cinereo-cærulefcente, extimis candidis, omnibus fuperne fufco transverfim ftriatis. Accipiter freti Hudfonis. Briss. *Orn. Suppl. p.* 18.

La Soubufe. Buff. *hift. nat. des Oif. p.* 215. *tab.* 9. (Das Weibchen.)
L'Oifeau Saint-Martin. Buff. *hift. nat. des Oif. I. p.* 212.
La Soubufe. *Pl. enl. nr.* 443. (Das Weibchen.)
L'Oifeau Saint-Martin. *Pl. enl. nr.* 449. (Das Männchen.)
La Soubufe male. *Pl. enl. nr.* 480. (Das Weibchen?)

Falco (Pygargus) cera pedibusque flavis, corpore cinereo, abdomine pallido, maculis oblongis rufis, oculorum orbita alba. Linn. *fyft. nat. I. p.* 126.

Falco (Hudfonius) cera pedibusque flavis, dorfo fufco, fuperciliis albis, fpeculo alarum cærulefcente. Linn. *fyft. nat. I. p.* 128. (das Weibchen)

β, Der weiſſe Falke.

Falco albus. Gesn. *av. p.* 72.
Falco albus. Aldr. *Orn. I. p.* 485. *fig. p.* 487.
Falco albus. Will. *Orn. p.* 46.

D 2   Weiſſer

Weisser Falk. Klein LT. Ord. S. 84.
Der weisse Falk, weisse Geyer. Frisch Vög. Tf. 80.
Le Faucon blanc. Falco albus. Briss. *Orn. I. p. 326.* D. (Verschiedenheit des edlen Falken.

γ. Der weisse Würger.
Lanarius albus. Aldr. *Orn. I. p. 380. fig. p. 381. 382.*
Le Lanier blanc. Accipiter superne ex cinereo-albo ad subfuscum vergens, inferne ex cinereo-albicans; macula rostrum inter & oculos nigra; remigibus nigricantibus. Lanarius albicans. Briss. *Orn. I. p. 367.*

δ. Der graue Falke.
Falconis montani secundum genus. Aldr. *Orn. I. p. 479. fig. p. 480.*
Le Faucon de montagne cendré. Falco montanus cinereus. Briss. *Orn. I. p. 355. A.* (Verschiedenheit des Bergfalken.)
Sollten alle diese Verschiedenheiten nicht das Männchen des Ringelfalken bezeichnen?

Auffenthalt : Europa und Nordamerika.

Sperber : 29. Falke mit langen Füssen und kurzen Flügeln.
Circus. Gesn. *av. p. 48.*
Sparverius vel Nisus recentiorum. Gesn. *av. p. 51. f. p. 766.*
L'Espervier. Bel. *Ois. p. 121. fig. p. 122.*
Fringillarius Accipiter vulgo Nisus dictus. Aldr. *Orn. I. p. 344. fig. 346. 347.*
Accipiter fringillarius seu recentiorum Nisus, Sparrow Hawk anglice dictus. Will. *Orn. p. 51. tab. 5. f. 2.*
Fringillarius accipiter. Raji *syn. av. p. 18.*
Lerchenfalk. Schwimmer. Klein Nat. Ord. S. 46.
Finkenfalk. Klein Nat. Ord. S. 56.
Goldfuss mit schwarzen Schnabel. Klein Nat. Ord. S. 52.
The Sparrow Hawk. Alb. *birds I. tab. 5.* (das Weibchen) *III. tab. 4.* (das Männchen.)
Der Sperber mit gestreifter Brust. Frisch Vög. Tf. 90. (das Männchen.)
Der Sperber mit braun gepfeilter Brust. Frisch Vög. Tf. 91. (Das Weibchen.)

Der

Der Sperber mit gesäumten Pfeilflecken. Frisch Vög. Tf. 92.
(das Weibchen.)
The Sparrow Hawk. *Britt. Zool. fol. p. 69. Tab. A. 10.* (das Männ=
chen) *tab. A." H.* (das Weibchen) *8vo I. p. 151.*
L'Epervier. *Accipiter superne fuscus, oris pennarum rufescenti-
bus, inferne albus (mas), albo rufescens (foemina), tæniis
transversis & lanceolatis fuscis, rufo admixto, varius; rectricibus grifeo-fuscis, tæniis fuscis transverfim striatis. Accipiter.*
Briss. *Orn. I. p. 310.*
L'Epervier tacheté. *Accipiter maculatus* Briss. *Orn. I. p. 314. A.*
L'Epervier. Buff. *hist. nat. des Ois. I. p. 225. tab. 11.*
L'Epervier. *Pl. enl. 412.*
Tierzelet hagart d'Epervier. *Pl. enl. nr. 467.*
Falco (Nisus) cera viridi, pedibus flavis, abdomine albo-grifeo
undulato, cauda fasciis nigricantibus. Linn. *syst. nat. I. p. 130.*
β. Le petit Epervier. *Accipiter superne fuscus rufo variegatus,
inferne albus fusco-rufescente transverfim striatus; rectricibus
fuscis fusco saturatiore transverfim striatis. Accipiter minor.*
Briss. *Orn. I. p. 315. tab. 30. fig. 1.*
Falco (minutus) cera fusca, pedibus luteis, corpore subtus albo, rectricibus fuscis nigro fasciatis. Linn. *syst. nat. I. p. 131.*

Auffenthalt : Europa.

Der kleine Sperber scheint keine Abänderung, sondern das Jun=
ge des gemeinen Sperbers zu seyn.

Brittischer 30 Falke mit langen Füssen, gezähnelten Schnabel und langen Flügeln.

The grey Falcon. *Britt. Zool. fol. p. 65. 8vo I. p. 137.*

Auffenthalt: Engelland.

Weiß=

Weißköpfiger Adler.

Dieser, so viel ich weiß, vorher nie beschriebene Raubvogel, ließ mich lange zweifeln, ob ich ihn zu den Adlern, oder zu den Falken zählen sollte: aber die langen Schenkelfedern, die kurzen starken Beine, die Länge und der grosse Haken des anfangs etwas graden Schnabels, die langen Finger, und die sehr gekrümmten starken Nägel, die weit hervorstehenden Augenbraunen, die grossen Augen, die dicke Bedeckung weicher Federn, die aufrechte Stellung beym Sitzen, dies alles bewog mich, ihn unter die Adler zu setzen.

Er war auf dem Dransberge bey Göttingen aus dem Neste genommen. Der Landmann aber, von dem ich ihn kaufte, konnte mir keine nähere Nachricht von ihm geben. Seine Farbe veränderte sich während der Zeit, worinn ich ihn erzog, sehr wenig; nur wurde die anfangs dunkelgraue Wachshaut gelblich, die Füsse heller, und die braunen Federn dunkler. Diese Farbe erhielt sich auch hernach und ist dieselbe, die er bey der Abzeichnung hatte, da er ein Jahr alt war.

Anfangs, da ich ihn an einem Fusse fest gebunden hatte, wollte er nicht fressen, als ich ihn aber hernach in einem kleinen Zimmer seine Freiheit ließ, fraß er desto begieriger, jedoch war es keine Möglichkeit ihn zu zähmen, ob er gleich täglich zu mehrern mahlen von mir und andern besucht wurde. Er wollte nichts, als frisches rohes Fleisch fressen, ob ich ihn gleich bey gekochten, und einige Tage alten Fleische eine Zeitlang hungern ließ. Da aber das Fleisch, womit ich ihn futterte, doch nicht immer ganz frisch, oder noch blutig seyn konnte, so trank er, jedoch selten und sehr wenig Wasser. Da er anfieng etwas grösser zu werden, setzte ich ein Paar Dohlen und ein Eichhörnchen zu ihm: so lange er genug rohes Fleisch hatte, that er keinen von ihnen etwas zu leid, indessen schien es doch, daß er öftere Anschläge auf ihr Leben gemacht hatte; denn des Tages waren alle drey, ob sie gleich geschwinder waren als er, da er noch nicht recht fliegen konnte, unter einem
nem

nem Korbe versteckt, und wagten sich nur spät des Abends heraus, wenn er schlief, und das Eichhörnchen trug sich alsdenn alle seine Nüsse unter dem Korbe zusammen. Endlich aber konnte das letztere seinem Feinde nicht mehr entgehen, und ich hatte das grausame Vergnügen, eben in dem Augenblicke hinein zu kommen, und zu sehen, wie er es tödtete. Er hatte die Klauen in den Leib des armen Thierchens geschlagen, und es mit einem Stoße auf dem Kopfe getödtet. Hierauf verzehrte er es mit der Haut und den Knochen, die er so wohl verdauet hatte, daß ich hernach auch keine Spuhr der ausgeworfnen Bällchen fand.

Sonderbar war die Art, wie er sich seines Unraths entledigte, der erst ganz flüßig, hernach aber hart und kalkartig wurde. Er hob nemlich den After und den Schwanz grade in die Höhe, und spritzte ihn so drey bis vier Fuß weit von sich.

Ich habe nie die geringste Spuhr eines Tons von ihm vernommen.

Beschreibung

der äussern Theile

des weißköpfigen Adlers.

Tafel 3.

Der Schnabel läuft anfangs nur ein wenig grade, und biegt sich hernach in einen ausserordentlich grossen, krummen und spitzen Haken. Er hat nicht die geringste Spuhr eines Zahns und nur in der Gegend der Wachshaut eine kleine Vertiefung und eine zweyte bey seiner Biegung. Die untre Kinnlade ist sehr kurz, an der Spitze völlig rund, und paßt genau in die Rinne des obern Schnabels. Seine Farbe ist an der Wurzel hell bläulich-grau, an der

Spitze

Spiße aber hornartig schwarz: und der untre Kiefer ist ebenfalls bläulich = grau, an der Spiße aber und an der sehr breiten Wurzel etwas dunkler.

Die Wachshaut ist von einer weißlich=grauen Farbe, die mit dem schönsten Zitronengelb überzogen ist. Die Nasenlöcher sind sehr groß, eyrund, und stehn mit ihrer vordern Spiße etwas höher. Der Rand und die Ecken der Munderöffnung sind mit einer dunkelgelben Haut eingefaßt, und das Innere des Mundes und die Zunge färbt das schönste Rosenroth.

Die Zunge ist fast ganz, doch an der Spiße ein wenig getheilt mit einer kleinen Rinne versehen, fleischigt und an ihrem Rande mehr hornartig.

Die Gegend von der Wachshaut an unter den Nasenlöchern bis zu den Augen bildet ein Dreyeck, das mit ganz kurzen weissen Federn bedeckt ist, über welche schwarze Borstenhaare, an denen man auch durchs Mikroscop nichts Federnartiges entdeckt, hervorragen. Aehnliche aber kürzere Borsten findet man unter dem Augenliede.

Die Augen sind fast zirkelrund, und ihr Regenbogen hat eine ganz ungewöhnliche Farbe: er ist weißgrau mit etwas wenigem Gelb vermischt. Der Augapfel ist sehr groß, zirkelrund und schwarz. Die Augenbraunen ragen sehr weit hervor, und bilden eine fast dreyeckigte Platte des Kopfs. Das Augenlied ist sehr groß; es bedeckt das ganze Auge, und ist mit kleinen weissen Federn besetzt.

Der Kopf ist ziemlich groß und dick, er ist nur mit wenigen kleinen spitzen Federn bedeckt, die härter wie die des übrigen Körpers sind. Eine Aehnlichkeit dieses Adlers mit dem Bartadler des Herrn Gmelins.

Der Hals ist sehr kurz, stark und federig.

Die

Die Flügel bestehn aus acht und zwanzig Schwungfedern, und erstrecken sich bis zur Spitze des Schwanzes. Die erste Schwung- feder ist sehr kurz, die zweyte etwas länger, und die dritte und vierte sind die längsten. Diese vier ersten Federn sind an ihrer Spitze sehr schmahl und zugespitzt. In der Mitte aber, oder etwas über dieselbe wird die Fahne auf einmahl, durch einen fast rechten Winkel an bey- den Seiten breiter. Von der fünften Schwungfeder an werden sie allmählig kürzer, an der Spitze rúnder und breiter, und es fehlt ih- nen die Erweiterung der Fahne. Der falsche Flügel besteht aus vier etwas zugespitzten Federn. Die grossen obern Deckfedern der Flügel stehen in bestimmter Ordnung, sie sind ziemlich groß, zuge- rundet und weich. Die kleinern sind ohne bestimmte Ordnung, zu- gerundet, sehr klein und liegen dicht auf einander. Die untern Deckfedern sind etwas grösser, sehr weich und liegen in unbestimmter Ordnung.

Der Leib ist sehr lang, stark und mit weichen, grossen dicht auf einander liegenden Federn bedeckt, unter denen eine sehr starke Lage sehr weicher Pflaumfedern liegt.

Die Schenkel sind ziemlich kurz und stark befiedert. Die Fe- dern derselben sind ziemlich spitz, sehr weich und ragen über zwey Zoll weit über die Fersen herüber. Die Füsse sind mittelmäßig, und vor- ne halb befiedert, hinten aber nackt, und so wie der vordere unbe- kleidete Theil mit Schildern bedeckt, an den Seiten und der Wurzel der Zähe aber schuppigt. Die Zähen sind ziemlich lang und oben geschildert, unten aber mit einer harschen ganz fein geschuppten Haut bedeckt. Die Farbe der Füsse ist schön gelb. Die Nägel sind au- ßerordentlich groß, stark, krumm und schwarz.

Der Schwanz besteht aus zwölf vorne runden Ruderfedern, wovon die äussern viel kürzer als die mittlern sind, wodurch der Schwanz keilförmig wird. Die untern Deckfedern des Schwan- zes sind sehr weich, und ausserordentlich lang.

P

Farbe

Farbe der Federn.

Die Stirn ist gelblichweiß, mit braunen halb mondförmigen Streifen, deren Spiße dem Schnabel zugekehrt ist.

Der Nacken ist ebenfalls gelblichweiß mit ähnlichen aber wenigen braunen Streifen.

Die Seiten des Kopfs, die Kehle, die Seiten, (einigen braunen Federn unter den Flügeln ausgenommen) der Bauch, die Hosen und die untern Deckfedern der Flügel und des Schwanzes sind gelblich weiß.

Die obern Deckfedern des Schwanzes sind schmutzig weiß mit schwarzen Strichen.

Der Rücken und die Brust sind dunkelbraun.

Die obern Deckfedern der Flügel sind braun mit gelblicher Einfassung.

Die Federn des falschen Flügels, und die größern Deckfedern sind dunkel kastanienbraun mit einer weislichen Einfassung.

Die erste Schwungfeder ist ganz schwarz. Die 2. 3. 4. 5. sind ebenfalls schwarz, an der Erweiterung der äussern Fahne aber schwarzgrau mit einigen schwarzen Bändern bey der 4 und 5. Die innere Erweiterung ist weiß. Die 6 bis zur 16 sind schwarz mit nochtiefern Bändern. Die 17 bis zur 28 sind bräunlich schwarz. Von unten sind die 5 ersten Federn an der Spiße schwärzlich, hinter der Erweiterung der Fahne aber weiß. Die übrigen Schwungfedern sind schmutzigweiß mit schwärzlichen Streifen.

Der Schwanz ist von oben röthlich braun mit sechs schwarzen Streifen, von unten schmutzig weiß mit ähnlichen Bänder.

Maaße

Maaße.

	′	″	‴
Von der Spitze des Schnabels bis zum Ende des Schwanzes —	1.	9.	3.
— bis zur Spitze der Zähen —	1.	6.	9.
Von einer Spitze der ausgebreiteten Flügel bis zur andern —	4.	0.	0.
Von der Spitze des Schnabels bis zum Hinterkopfe —	0.	3.	9.
Länge des Schnabels von seiner Spitze bis zur Stirn —	0.	1.	7.
— bis zur Wachshaut —	0.	1.	2.
— bis zum Winkel des Mundes	0.	1.	9.
Größte Höhe des Schnabels —	0.	0.	7.
Länge des Unterkiefers —	0.	0.	6.
Breite desselben —	0.	0.	4.
Von der Spitze des Schnabels bis zum großen Augenwinkel —	0.	1.	7.
Länge der Augen —	0.	0.	6¼
Höhe derselben —	0.	0.	6.
Von der Wachshaut bis zur Stirn —	0.	0.	5.
Nasenlöcher, lang —	0.	0.	2.
Nasenlöcher, breit —	0.	0.	1.
Entfernung der großen Augenwinkel in grader Linie —	0.	1.	0.
— über die Stirn —	0.	1.	8.
Entfernung der kleinen Augenwinkel in grader Linie —	0.	1.	8.
— über die Stirn —	0.	2.	0.
Umfang des Kopfs —	0.	5.	6.
Vom Hinterkopfe bis zur Spitze des Schwanzes —	1.	6.	0.
Hals lang —	0.	2.	4.
Umfang desselben —	0.	3.	9.
Umfang der Brust über den Flügel —	0.	6.	2.
— unter dem Flügel —	0.	10.	0.
Zwischenraum der Flügel über die Brust —	0.	6.	8.
— über den Rücken —	0.	2.	0.
Länge der zusammengelegten Flügel —	1.	3.	0.
Von der Schulter bis zur Handwurzel —	0.	6.	0.
Von der Handwurzel bis zur Spitze der ersten Schwungfeder —	0.	10.	7.
— der zweyten Schwungfeder —	1.	1.	0.
— der dritten Schwungfeder —	1.	3.	0.
Vom Knie bis zur Spitze der größten Zähe —	0.	9.	0.

Vom

Vom Knie bis zur Ferse	— —	0. 3. 9.
— bis zur Spitze der Hosen	— —	0. 5. 10.
Umfang des Beins	— —	0. 3. 3.
Von der Ferse bis zur Spitze des mittelsten Zähe	— —	0. 5. 3.
— bis zur gemeinschaftlichen Wurzel der Zähen	—	0. 3. 2.
Von der Biegung des Fußes bis zu Ende seiner Bekleidung	—	0. 1. 11.
Vom Ende seiner Bekleidung bis zur Wurzel des mittelsten Zähe		0. 1. 3.
Mittelfinger ohne Nagel	— —	0. 1. 6.
Nagel	— —	0. 0. 11.
Innerer Finger	— —	0. 1. 0.
Nagel	— —	0. 1. 1½.
Aeußerer Finger	— —	0. 1. 1.
Nagel	— —	0. 0. 8.
Hinterfinger	— —	0. 0. 8½.
Nagel	— —	0. 1. 2½.
Umfang des Fußes	— —	0. 1. 2.
Länge des Schwanzes bis an die mittlern Federn	—	0. 8. 6.
— bis an die äußern Federn	—	0. 7. 0.

Zergliederung.

Das Gerippe.

Die Beschreibung des Gerippes eines Vogels erfordert mehr Mühe, wie die Beschreibung des Gerippes irgend eines andern Thiers: nicht allein deswegen, weil es in so vielen Stücken vom Knochenbau des Menschen, dessen Körper doch billig derjenige Gegenstand ist, auf den man in der vergleichenden Zergliederung am mehrsten Rücksicht nehmen muß, und den man als denjenigen Körper ansieht, der als der vollkommenste, das Muster des Körperbaues anderer Thiere ist, bey deren Beschreibung man aus dieser Ursache die Verschiedenheiten angeben muß, die ihn von dem menschlichen Körper unterscheiden, oder

die

die Aehnlichkeiten zeigen muß, die er mit ihm gemein hat; a sondern auch weil diejenigen Beschreibungen, die man noch bisher von den Knochen der Vögel hat, weder deutlich noch vollständig genug sind. Belon b gab zuerst so viel ich weiß eine Zeichnung und Beschreibung eines Vogelgerippes, das er auf das genaueste mit dem menschlichen verglich. Seine Beschreibung besteht aber ganz allein in einer kurzen Vergleichung und Benennung der vornehmsten Knochen, die er ohnedem nur obenhin berührte. Hierauf gab Coiter c einige sehr genaue Zeichnungen von Vögelsceleten mit einer vortreflichen allgemeinen Beschreibung derselben heraus, die aber doch nicht recht vollständig ist. Nach ihm gab Aldrovand in seiner Ornithologie verschiedne gute Zeichnungen von Vogelgerippen, wobey er zugleich die aus dem Coiter borgte: aber seine Beschreibungen bestehen größtentheils nur in den darunter gesetzten Erklärungen der Buchstaben, die auf einige wenige grosse Knochen gesetzt sind. Uebrigens sind seine Zeichnungen derselben gewöhnlich schöner und genauer als alle andre in seiner Ornithologie, besondes diejenige eines Adlers. d Collins e der so viele Vögel zergliederte, hat auch nicht

P 3 mit

* a Ich meine hiermit nicht, daß es nöthig sey, genau anzuführen, worinn dieser oder jener Knochen eines Thieres mit dem ähnlichen Knochen eines Menschen übereinstimme oder von ihm abweiche; eine solche Beschreibung würde zu weitläuftig und ohne Nutzen seyn: denn derjenige der den menschlichen Körper kennt, siehet diese Aehnlichkeit und Verschiedenheit ohnehin, und demjenigen der ihn nicht kennt, wäre sie doch unverständlich. Ich will hiermit nur so viel sagen, daß man den menschlichen Körper allezeit vergleichen, und sich bey der Benennung ähnlicher Theile derselben Namen bedienen müsse.

b Bel. *hist. nat. des Ois. p.* 31.

c *Avium sceleton* in den *lectiones* Gabrielis Fallopii *de partibus similaribus humani corporis - a* Vo .chero Coiter. - *collecta. His accessere diversorum animalium sceletorum explicationes, iconibus - illustratæ auctore eodem* V. Coiter. *Norimb.* 1575.

d Aldrov. *Ornith. I. p.* 122.

e *System of Anatomy.*

mit einem Worte der Bildung ihrer Knochen Erwähnung gethan. Meyer f hat ebenfalls viele Gerippe von Vögeln sehr gut abgebil= det, aber seine Beschreibung ist entweder nur sehr kurz oder sie fehlt gänzlich wie z. B. beym Adler. Indessen ist doch die Beschreibung die er vom Gerippe des Kreutzschnabels g gemacht hat wohl eine der besten, die man noch von Vögelgerippen hat, und bey andern Vö= geln hat er auch manchmahl ganz artig die Abweichung ihres Gerip= pes von dem, dieses Vogels gezeigt.   Endlich hat Herr Vicq= d'Azyr in den Abhandlungen der französischen Academie der Wissenschaften zu Paris h eine allgemeine Beschreibung des Ge= rippes, und der Muskeln der Vögel geliefert, die ihrer Vortreflichkeit und Ausführlichkeit in der Beschreibung der mehrsten Knochen ohn= geachtet, dennoch manchmahl unvollständig oder zu kurz, manch= mahl nicht deutlich genug ist, und durch ihre Ordnung mißfällt. Ich sehe mich daher genöthigt zwar nicht ganz ohne Vorgänger, doch ohne einen solchen Vorgänger, dem ich überall folgen könnte, das Ge= rippe des Weißköpfigen Adlers zu beschreiben, welches ich auf der 6 Tafel habe abbilden lassen, und diejenigen Fehler, die ich aus die= ser Ursache in der Beschreibung desselben machen werde, werden mir daher um so viel eher zu verzeihen seyn.

Ich mache mit dem Kopfe den Anfang, welchen ich wie ge= wöhnlich in die Hirnschale und dem obern und untern Kiefer abtheile.

Alle Knochen des Kopfs waren an meinen Adler so sehr ver= wachsen, daß man keine Trennungen mehr erkennen konnte, i we= nigstens

---

f Meyers Vorstellung der Thiere mit ihren Sceletten. 1 u. 2 Th.

g Taf. 4. S. 5.

h Premiere Memoire pour servir à l'anatomie des Oiseaux par Mr. Vicq- d'Azyr in der Histoire de l'Academie Royale des sciences, année 1772. sec. Part. p. 617. Seconde Memoire, année 1773. p. 568. Troisième Memoire année 1774. p. 489.

i Nach dem Belon (S. 38.) scheint es, daß der Kopf ungekocht immer unge= theilt sey, gekocht aber immer seine Nathen sichtbar würden. Das erstere kann aber

nigstens nur sehr wenig. Das Stirnbein, die Scheitelbeine, das Hinterhauptsbein, die Schlafbeine, das Keilbein, und das Siebbein machten daher nur einen einzigen Knochen aus, wenn man anders den verschiednen Stellen dieses einzigen Knochens alle diese unterschiedne Namen geben kann, und ihre Bildung erlaubet dieses auch wohl schwerlich. Dieser ganzen Gegend aber gebe ich wohl mit Recht den Nahmen der eigentlichen Hirnschale. Ausserdem bemerkt man auch an der Hirnschale die Augenbraunen, die Nasenlöcher, und einen Knochen, der einen Theil der untern Fläche der Augenhöhle bildet, die ich weiter unten beschreiben werde.

Die eigentliche Hirnschale besteht aus einen Knochen, der vorne durch zwey verlängerte Fortsäße an jeder Seite, die an den Schnabel stossen, die obere und untere Einfassung des dreyeckten Nasenlochs bilden, indem sie sich hier durch eine Harmonie wie es scheint mit dem Schnabel vereinigen, in der Mitte aber die beyden Nasenknochen einschliessen. Hierauf wird die Hirnschale durch eine falsche Nath mit den Augenbraunen verbunden und bildet alsdann den Umfang der Augenhöhlen mit dem Schlafbeine, das zwar durch keine Nath abgesondert, aber doch durch einen etwas erhöhten scharfen Strich deutlich von der übrigen Hirnschale unterschieden wird. Nach hinten zu zeigt eine ähnliche Erhabenheit, die aber minder scharf ist, das Hinterhauptsbein an, das in seiner obern Mitte eine Erhabenheit von aussen, und eine gleichmäßige Tiefe für das Hirnlein bildet. Unter dieser Erhabenheit folget die Oefnung für das Rückenmark,

aber doch wohl nicht anders als bey alten, und das leztere wohl nur bey jungen Vögeln statt finden. Die Knochen und Näthe, die man bey gekochten Vögeln unterscheiden kann, sind nach seiner Angabe (S. 40.) folgende: "Qui „prendra le chef d'un oiseau boulli, & le depercerai, il pourra discerner les „six os correspondants aux notres, & avoir leur futures coronales, sagittales, „occipitales, & les commissures des os pierrés, mammelés, & la reconnoitra „l'os du front ou coronal & les os pierres & temples, les os parieteaux sur „le sommet de la tete, & celui qui fait le derriere qu'on nomme l'os occi- „pitalis, & au dessus du pallais l'os basilaire."

kennmark, die ein umgekehrtes Kartenherz mit stumpfer Spitze vorstellt.   Unter der Mitte dieser Oefnung folget ein Knöpfchen,
(condylus) (stat daß bey den Säugern zwey zu jeder Seite desselben
sind,) welches eine Halbkugel vorstellt. — Von derjenigen scharfen Seite der Hirnschale, die den obern Rand der Augenhöhlen bildet biegt sie sich plözlich einwärts, und bildet die untre Fläche des
Gehirnbehälters, und die Scheidewand der Augen mit dem grösten
Theil ihrer Höhle.   In der Mitte dieser sehr dünnen und durchsichtigen Scheidewand befindet sich ein eyförmiges Loch, welches
zwar von aller knochenartigen Masse entblößt, aber doch mit Knochenhaut überzogen ist.   Oben in dieser Scheidewand und im Hin-
tertheil des Gehirnbehälters befindet sich eine unregelmäßig dreyeckigte Oefnung, zum Durchgange der Geruchnerven, und wie es scheint
auch einiger Adern, die auf jeder Seite zwey tiefe Furchen in dem
Knochen eindrücken. Unten befindet sich eine ähnliche aber grössere,
fast runde Oefnung zum Durchgange der Sehnerven. — Das Felsbein bildet an der Seite einen schwertförmigen Fortsaz, um den hintern Umfang der Augenhölen zu bilden.   Ein starker Knorpel, der
an der Spitze dieses Fortsatzes entsteht, vereinigt sich mit dem Jochbeine. Hierauf ist das Schlafbein etwas eingedrückt und bildet mit
dem Knochen, dem ich von seinem Nutzen den Namen des gemeinschaftlichen Kieferbeins gegeben habe, die Ohrenhöhle. — Von
unten ist die Scheidewand abgerundet und dicker, und fast wie
der Bug eines gewöhnlichen Seeschiffes gebogen.   Gegen den
Schnabel zu gehen von jeder Seite desselben zwey Flügel ab, die
sich oben an der Unterfläche des Gehirnbehälters endigen und hier
mit ihm ein zweytes Loch zum Durchgange der Geruchnerven
bilden.

        Die Augenbraunknochen finden sich allein, so viel ich
weiß, bey den Raubvögeln.   Sie sind mit der Hirnschale von
da an, wo sie anfängt die Augenhöhle zu bilden, bis dahin wo
                                                                ihre

ihre Fortsätze die Nasenlöcher hervorbringen, durch eine etwas ausge=
schweifte falsche Nath verbunden.   Ihre Gestalt gleichet, einzeln
betrachtet, beynahe einem lateinischen L.   An demjenigen Theile
der mit der Hirnschale verbunden ist, laufen sie mit ihrer Oberfläche
mit der Hirnschale fast gleich, nur etwas heruntergebogen.   Sie
laufen rückwärts und bedecken so oben den größten Theil der Augen.
An ihrer etwas breiten Spitze, ist bey meinem Adler noch ein zwey=
ter fast dreyeckter etwas breiterer Knochen, durch Knorpel mit ihnen
vereinigt, der sie noch verlängert.   Dieser zweyte Knochen fehlt
beym Eulengeschlecht.   Nach untenzu geht der zweyte Theil des Au=
genbraunknochens, der ebenfalls etwas rückwärts läuft, sich an dem
Jochbeine anschließt, und mit den Flügeln der Scheidewand die vor=
dere Seite der Augenhöhlen und nach vorne mit dem Fortsatze des
Stirnbeins einen Theil der hintern Nasenhöhle bildet.

Die Nasenknochen scheinen zwey zusammengewachsene Kno=
chen zu seyn, die beyde beynahe ein länglichtes Viereck bilden.   An
ihrem hintern Theile, der etwas rund ist, sind sie mit dem Stirnkno=
chen durch eine falsche Nath verbunden, an beyden Seiten werden
sie durch die obern Nasenlöcherfortsätze des Stirnbeins eingeschlossen,
die sich durch eine Harmonie mit ihnen vereinigen, und vorne sind sie
mit dem Schnabel verwachsen.

Noch gehört ein Knochen hieher, der der untern Seite
des Auges einige Festigkeit giebt; er findet sich bey allen Vögeln,
und ist mit der untern Schiffsbugfläche der Scheidewand verbunden,
da wo sich die Gaumenknochen endigen, und stößt hinten an das ge=
meinschaftliche Kieferbein.

Ehe ich zur Beschreibung des obern Kiefers komme, muß ich
noch vorher denjenigen Knochen beschreiben, dem ich den Namen des
gemein=

gemeinschaftlichen Kieferbeins k gegeben habe. Da, wo sich die Oeffnung des Gehörganges ins Felsbein begiebt, befindet sich der obere Kopf dieses Knochens, der drey Flächen hat; er ist an seinem obern Theile an dem Felsbein über und unter dem Gehörgange befestigt; unten vereinigt er sich mit drey Köpfchen an dem Jochbein und dem Unterkiefer. Er stellt sowohl von außen als innen betrachtet ein Dreyeck vor, dessen etwas einwärts gekrümmte Grundfläche nach hinten zu schief gestellt ist; die beyden andern Seiten aber liegen einwärts, sind mit ihrer Spitze frey und bilden einen Theil der untern und hintern Fläche der Augenhölen.

An diesem Knochen und dem Knorpel des Fortsatzes des Schlafbeins befestigt entsteht das Jochbein, welches bey den Vögeln ganz allein zum Oberkiefer gehöret, und gar nicht von ihm getrennt ist. Es ist ein dünner, langer, fast grader Knochen, der den untern Rand der Augenhöhle ausmacht, und da wo der untre Nasenlochfortsatz des Stirnbeins mit dem Oberkiefer verwachsen ist, sich allmählich erweitert, und den Oberschnabel ausmacht. Dieser ist ein weicher, schwammigter, inwendig hohler Knochen, der nur an seinen innern Rändern mit Knochenmarkshöhlen angefüllt ist, und von außen dieselbe Gestalt hat wie der Schnabel, wenn er noch mit dem Horn überzogen ist, nur ist er viel kleiner und kürzer. Er bildet
ohne

---

k Dieses gemeinschaftlichen Kieferbeins, und des eben vorhin beschriebenen Knochens, gedenket keiner von den Schriftstellern über die Knochenlehre der Vögel außer Coiter, im dritten Capitel *de Sceletis Avium*, wo er das gemeinschaftliche Kieferbein mit zu der untern Kinnlade rechnet. "Notandum, sagt er, "quod in avium roſtro inferiore pars poſtrema latiorque, quæ in humana „inferiore maxilla mandibula vocatur, deſideretur, ſed in ejus locum inveni-„ri os robuſtum & quoque modo triangulare atque inæquale, quod anterio-„ri parte per arthrodiam inferioris roſtri articulationem excipit. Poſte-„rius caput adipiſcitur ſimile noſtræ mandibulæ capiti, quod extrinſecus a „latere meatus auditorii calvæ inſeritur. Coarticulatio hæc ita firma eſt, „ut vix credam hoc os moveri. Habet hoc os & alium uſum, nempe, quod „ſit ſuſtentaculum cuinsdam oſſis, quod ad palatum oblique antrorſum tendit.

ohne Zweifel die innre Nasenhöhle, aber mit Gewisheit kann ich
es nicht behaupten, weil man eben so leicht dem Stirnknochen
dieses Geschäfte zuschreiben kann, weil die Näthe gar zu sehr ver=
wachsen waren. Nach untenzu bildet er aber die Gaumenbeine,
die aus zwey langen, anfangs verbundnen Knochen bestehen, die sich
aber hernach von einander entfernen, den Gang zur Nase bilden, und
den Pflugschar in ihrer Mitte aufnehmen: hinten, da wo sie sich wie=
der vereinigen, haben sie am innern Rande eine scharfe Erhöhung.

Der untere Kiefer bewegt sich an dem Köpschen des gemein=
schaftlichen Kieferbeins, hat hier an seiner Wurzel einen einwärts=
gekehrten zugespitzten Fortsatz, und an seinem obern Rande einen tie=
fen Ausschnitt, worauf er sich stärker erhebt, und bis zu seiner Spi=
tze fortläuft. Ob er aus zwey Knochen bestehe kann ich nicht ent=
scheiden.

Die übrigen Knochen meines Adlers zu beschreiben ist schon
mit wenigern Schwierigkeiten verbunden, aber ich sehe mich gezwun=
gen eine weniger gewöhnliche Ordnung zu wählen, weil die Verbin=
dung der Knochen untereinander dieses heischt. Erst werde ich die
Halswirbel und Rückenwirbel, hernach das Becken, und dann die
Schwanzknochen beschreiben; darauf die Rippen, das Brustbein, die
Gabel, die Schlüsselbeine, die Schulterblätter, und endlich die Glie=
der beschreiben.

Der Hals besteht mit dem Träger (Atlas), aus vierzehn Wir=
beln. Der Träger ist ganz ausserordentlich klein, und selbst viel
kleiner als die Rükenmarkshöhle, so daß er, wenn man ihn auf die=
selbe legt, sehr leicht hineinfällt, und sich wieder eben so leicht her=
ausschütteln läßt. Er stellt einen elliptischen Ring vor, und ist sehr
schmahl. Er ist an jedem Ende der Ellipse mit einem kleinen allmäh=
lich sich erhebenden Fortsatze an seiner Vorderseite versehen, hinten
aber etwas tiefer herunter, befindet sich an jeder Seite eine kleine Ver=

tie=

tiefung, worinnen der erste eigentliche Halswirbel paßt. Unten hat er in der Mitte einen starken Fortsatz, der hinten eine Höhle hat, worinn ein knorplicher Fortsatz des ersten eigentlichen Halswirbels sich bewegt, vorne aber eine herausstehende schaukliche Erhöhung, und über diese eine kleine mit Knorpel überzogne Fläche, worinn das Knöpfchen des Hinterhauptbeins läuft, und dadurch die starke Herumdrehung des Kopfs befördert, deren die Vögel fähig sind. Die folgenden elf Halswirbel sind sich ausser in der Grösse ziemlich ähnlich; denn sie werden immer grösser je mehr sie sich dem Rücken nähern. Der erste eigentliche Halswirbel, denn ein Wender fehlt den Vögeln, ist der kleinste und schmählste von allen; er hat oben einen sehr kleinen Dornforsatz, und zwey Nebenfortsätze, unten aber einen starken Fortsatz, und zwey vorwärtsgekehrte, lange, schmahle Nebenfortsätze. Der zweyte Wirbel hat oben ebenfalls einen sehr kleinen Dornfortsatz, der sich aber bey den folgenden Wirbeln allmählich verliehrt, und beym neunten Halswirbel nur noch kaum merklich ist. Die beyden Nebenfortsätze, die sehr stark zurückliegen, sind ebenfalls kaum merklich erhaben, sondern nur zurückgekehrt: sie liegen über den folgenden Wirbel herüber, und bilden vom vierten Wirbel an eine starke Verlängerung, die weit herüber schlägt, bey dem folgenden wieder kleiner wird, und beym elften fast gänzlich fehlt. Nach vornenzu bilden alle Wirbel zu beiden Seiten der Rückenmarkshöhle einen Fortsatz, der oben mit Knorpel versehen ist, und auf dem die Nebenfortsätze ruhen. Unten hat der zweyte Wirbel, in der Mitte einen breiten, langen Fortsatz, und zwey zurükgekehrte lange spitze Nebenfortsätze, unter welchen sich ein runder Kanal bildet, der ohne Zweifel zum Durchgang für die Nerven aus dem Rükenmark dienet. Der untre Mittelfortsatz verliehrt sich bey dem vierten Wirbel gänzlich, und von hieran ist auch immer die untre Seite der Wirbel länger. Von dem zehnten Wirbel fängt sich wieder ein Dornfortsatz an zu erheben, und die Wirbel werden kürzer: auch erzeigt sich beym elften unten wieder ein Mittelfortsatz, der so wie die untern Neben-

fort-

fortsätze beydem elften und zwölften ausserordentlich groß ist, hernach aber beym dreyzehnten und vierzehnden, so wie die ganze untre Fläche sehr klein wird. Beym zwölften ist der Dornfortsatz sehr hoch, aber noch nicht sehr breit, oben spitz und nach vorne gekehrt. Dieser Wirbel ist schon höher wie er lang ist, und diese Höhe nimmt bey dem dreyzehn= ten und vierzehnten noch zu. Der Dornenfortsatz des dreyzehnten ist noch höher, sehr breit, oben grade und bildet so beynahe ein Vier= eck. Dieses Viereck ist bey dem vierzehnten noch deutlicher, und der Dornfortsatz nimmt die ganze Länge des Knochens ein.

Die fünf Rückenwirbel I, brauche ich nur allgemein zu be= schreiben, da sie fast in nichts verschieden sind, als darinn, daß die er= sten etwas schmähler sind. Ihr Dornfortsatz ist sehr hoch, viereckt, und so breit, daß sie einander berühren, und nur in der Mitte eine eyförmige Oefnung offen lassen. Ihre Seitenfortsätze sind sehr groß, horizontal, breit und, ausser bey dem ersten, mit einem vorwärtslie= genden schmahlen spitzen Fortsatze versehen, der sie auch hier zusam= menverbindet. Der Seitenfortsatz bildet eine schmahle Platte, die in ihrer Mitte auf den untern Nebenfortsätzen, die hier schief in die Höhe laufen, sich stützet. Nach untenzu sind sie sehr tief, laufen allmählich scharf zu, und die vier ersten endigen sich in einem langen schmahlen Fortsatze der bey dem ersten niedrig, stumpf und breit, bey den andern aber schmähler, etwas zugespitzt und nach vorne gekehrt, beym zweyten am höchsten und beym vierten am niedrigsten ist.

Das Heiligenbein und die ungenannten Beine bilden hier nur einen einzigen Knochen, dem ich den gemeinschaftlichen Namen des Beckens gebe. Unten sind die Wirbel noch in etwas bemerk=

Q 3

bar,

I Herr Vicq = d'Azyr irret, wenn er in seinem zweyten Memoire S. 579. be= hauptet, daß die Vögel eben so viele Rückenwirbel wie Rippen hätten: wenn ich auch sechs Rückenwirbel annehme, wie ich aus den unten anzuführenden Grün= den nicht thun zu dürfen glaubte, so ist doch noch immer die siebende Rippe am wahren Becken befestigt.

bar, und sogar der erste m deutlich von den übrigen, durch eine erhabne Narbe, die aber ganz mit der Masse der andern Wirbel verwachsen ist, unterschieden, und es ist mir wahrscheinlich, daß man im
jüngern Alter ihn ganz von dem übrigen Becken würde trennen können, da oben noch Spuren einer falschen Nath sichtbar waren, und
unten ein großer Theil der knorplichen Scheidewand von dem Becken
trennte.   Gienge diese völlige Trennung an, wie es mir sehr wahrscheinlich ist, die aber bey meinem Exemplare, besonders da ich, um
das Gerippe zu schonen, keine Gewalt anwenden wollte, unmöglich
war, so würde ich ihn mit dem größten Rechte den Rükenwirbeln bey-
zählen können, da die sechste Rippe an ihm befestigt ist: So aber
sehe ich ihn für einen Theil des Beckens an und kann es mit dem grösten Rechte thun, da die siebende Rippe an dem wahren Becken sich
befestigt.   Die obere Fläche des Beckens ist nur Ein Knochen, und
läßt nichts ausser die angeführte Spur einer Nath sehen.   Lendenwirbel sind, wie man hieraus sieht gar nicht bey den Vögeln vorhanden. n   Bey der Beschreibung des Beckens werde ich folgende
Ord=

---

m Belon scheint diesen Wirbel mit zu den Rückenwirbeln zu rechnen, den er
schreibt den Vögeln sechs Rükenwirbel zu.   Sonderbar ist es aber, daß er keiner Rippe Erwähnung thut, die am Heiligenbein befestigt ist.

n Herr Vicq = d'Azyr untersucht mit einer grossen Genauigkeit, ob die Vögel
wirklich einen Knochen oder Wirbel haben, die den Lendenwirbeln können ver-
glichen werden.   Die Seitenfortsätze, die man an der ersten Hälfte des Heiligenbeins findet, die Nerven und Muskeln dieser Gegend, und die Art der Kno-
chenwerdung dieses Theils des Heiligenbeins bestätigen ihm die Muthmassung,
daß diese erste Hälfte des Heiligenbeins mit den Lendenwirbeln der Säugthiere
übereinkomme, oder vielmehr die Lendenwirbel selbst sey.   Wenn wir aber
bedenken, daß sich gleich am Anfange dieser Theile noch eine Rippe befestigt,
wenn wir die obere Bedeckung derselben, und die Verbindung dieses Knochens
mit derselben in Erwegung ziehen, wenn wir bedenken, daß es mit dem Heiligenbein nur einen Knochen ausmache, und ohne alle Bewegung sey, so läßt
dieses alles wohl schwerlich diese Trennung zu, und da es mit dem Heiligenbein einerley Absicht und Wirkung hat, so ist es wohl als nichts anders, als
wie als dessen vordrer Theil zu betrachten.   Coiter hat dieses auch schon
bemerkt, und daher mit Recht behauptet, daß die Lendenwirbel in den Vögeln
fehlen.   De avium scelet. c. 20.

Ordnung beobachten: 1) will ich den ersten Wirbel der mir noch zu den Rükenwirbeln zu gehören scheint, 2) die untre Fläche, die das Heiligenbein vorstellt, 3) das eigentliche Becken beschreiben. — Der erste Wirbel des Heiligenbeins ist an seiner untern Seite, mit der ich hier den Anfang machen muß, eben so beschaffen wie der letzte Rükenwirbel, nur runder. Er giebt eben so wie dieser eine Stüße durch seine untern Nebenfortsäße ab, die hier aber keinen Seitenansaß tragen, sondern den vordern Theil des Beckens. Sein Dornfortsaß ist deutlich unter der obern Bedeckung des Heiligenbenbeins zu sehen, und eine Platte die ihn bedeckt, und nach vorne zu ziemlich breit, hinten aber spiß ist, ist nicht mit der Bedeckung des Heiligenbeins verbunden, sondern durch eine falsche Nath davon abgesondert. — Das eigentliche Heiligenbein ist ein dicker, fester und langer Knochen, der an seinem Anfange, wo die sebende Rippe an ihm befestigt ist, schmähler, in der Mitte am breitesten, am Ende aber am schmählsten ist. Seine untre Fläche ist am Anfange und am Ende etwas erhabner und zugeründet, in der Mitte aber flach. Er giebt fünf Stüßen für das Becken ab, welche den untern Seitenfortsäßen der Wirbelbeine ähnlich sind, und so wie das Becken schmähler, und das Heiligenbein breiter wird, sich immer mehr verkürzen. Im gleichen Abstande von seiner Mitte und Ende, da wo außen die Pfanne für den Kopf des Schenkelbeins ist, giebt das Heiligenbein zwey ähnliche Stüßen für das Becken ab, die an der Wurzel, wo sie aus ihm entspringen, etwas von einander entfernet sind; da aber, wo sie sich an dem Becken befestigen, mehr zusammenflossen. Ein dritter, ähnlicher kürzerer Knochen entspringt nicht weit vom Ende des Heiligenbeins, und hat einen gleichen Nußen. — Das eigentliche Becken theilt sich selbst durch scharfe, von außen erhabne Abschnitte, in die Bedeckung des Heiligenbeins, das eigentliche Becken und die Schaambeine. Die beiden ersten sind dünne, sehr durchsichtige Knochen, die leztern aber etwas stärker. — Die Bedeckung des Heiligenbeins, bildet nach vorne zu die Gestalt zweyer lateinischer C

auf

auf diese Art ⌒⌒, die in ihrem Umfange das Becken einschlieſ=
ſen, und in der Mitte des Winkels, den ſie zuſammen bilden, die
Platte des Dornfortſatzes des Heiligenbeinwirbels einſchlieſſen. Hier=
auf läuft dieſe Bedeckung des Heiligenbeins ſehr ſchmahl fort, ſie hat
in ihrer Mitte eine tiefe Furche, und iſt da, wo ſie ſich am Becken
anſchließt erhaben. Hierauf wird ſie allmählig breiter und erlangt in
der Gegend, wo ſich das Kukuksbein anfängt ihre größte Breite,
biegt ſich hierauf ſchmähler zuſammen und bildet mit ihrem innern Ran=
de, der eine halbzirkelförmige Geſtalt hat, eine ſcharfe Spitze, die ſich
mit dem Rande des Beckens vereinigt. — Da das Becken der Vö=
gel in ſeiner Geſtalt ſo ſehr von dem der Menſchen und übrigen Säu=
ger abweicht, ſo iſt es faſt unmöglich, oder vielmehr wiederſprechend,
wenn man dieſelben Namen in derſelben Bedeutung wie bey dieſen
gebrauchen wollte. Eigentlich findet man bey ihnen nur das Darm=
bein und Schaambein und das Hüftbein fehlt ihnen gänzlich; oder
will man dieſes nicht gelten laſſen, ſo haben ſie alle dieſe drey Kno=
chen, und überdem an jeder Seite einen vierten, der gewiſſermaſ=
ſen die Verrichtung der Schaambeine hat. Bey dieſer abweichenden
Verſchiedenheit des Beckens der Vögel, wird es mir daher wohl erlaubt
ſeyn, dieſelben Namen den verſchiednen Theilen deſſelben nach ihrer
ohngefähren Aehnlichkeit zu geben. Den Theil, der vom Anfange
des eigentlichen Beckens bis zur Pfanne ſich erſtreckt, werde ich das
Darmbein, denjenigen, der von der Pfanne bis zum Anſatze fort=
geht, das Hüftbein, und den Knochenanſatz, der das Becken bey=
nahe ſchließt, die Schgambeine nennen. — Das Darmbein iſt
ein, von auſſen erhabner, von innen hohler, vorne ein wenig ſchmäh=
lerer und hinten, wo er die Pfanne für den Kopf des Schenkel=
beins bildet, etwas breiterer Knochen, der vorne und nach oben zu
von der Heiligenbeinsbedeckung eingeſchloſſen wird, unten aber
mit ihr faſt in gleicher Linie fortläuft. Oben über die Pfanne
bildet er die vordere Seite eines groſſen Lochs, deſſen obre Sei=
te die Heiligenbeinsbedeckung, und die hintre und untre des Hüft=

bein

bein bildet. Unter der Pfanne bildet es mit dem Hüftbeine eine ähn=
liche eyrunde Oefnung, die der in jeder Seite des Beckens der Säug=
thiere entspricht, die bey diesen vom Hüftbeine und Schaambeine ge=
bildet wird. — Das Hüftbein ist etwas dicker und weniger durch=
sichtig, wie die übrigen Knochen des Beckens, und läuft, nachdem es
diese beyden Löcher hat bilden helfen, nicht mehr mit der Heiligen=
beinsbedeckung vereinigt, die hinter dieser Oeffnung sich endigt, in
eine stumpfe Spitze, woran sich an jeder Seite das Schaambein be=
festigt. Vor dieser Vereinigung mit dem Schaambeine, bilden die
Heiligenbeinsbedeckung und die Hüftbeine in der Gegend, wo sie die
beyden großen Löcher machen, an jeder Seite eine grosse Vertiefung,
worinn die Nieren liegen, die Herr Vicq = d'Azyr aus dieser Ur=
sache mit dem größten Rechte fossæ renales nennt. — Die Schaam=
beine scheinen ein Knochenansatz zu seyn: sie haben die Gestalt ei=
nes viertel Abschnittes eines Zirkels, und schliessen nicht wie die
Schaambeine der Säugthiere zusammen, sondern sind nur durch die
Muskeln des Unterleibes verbunden: ein Umstand, der bey den Vö=
geln um so viel nothwendiger zu seyn scheinet, weil die Oeffnung
die diese Schaambeine bilden, sonst nicht hinreichen würde, die Eyer
durchzulassen, und deren Trennung also eben das bewirkt, was man in
neuern Zeiten durch die Trennung der Schaambeine bey schweren Ge=
burten zu bewirken sucht.

Die Schwanzbeine der Vögel theilen sich ganz deutlich in die
Kukufsbeine, und das eigentliche Schwanzbein. — Die Vögel haben
sieben Kukufsbeine, die einen obern und untern nicht sehr hohen
Fortsatz und an jeder Seite einen breiten Seitenfortsatz haben, der
sich etwas herunterbiegt. Bey dem vorletzten Kukufsbeine ist bey
meinem Adler der Dornfortsatz am höchsten, und bey dem fünften der
Seitenfortsatz am längsten, bey dem letzten aber sind beyde am kürze=
sten. — Das eigentliche Schwanzbein ist ein ziemlich grosser, fe=
ster und dichter Knochen, der die Gestalt eines umgekehrten Nachens
R hat.

hat. Sein oberer Rand ist scharff, seine äussere Spitze rund und
sein unterer Rand, der der längste. ist, und der hintere Rand sind
platt.

Mein Adler hatte, wie gewöhnlich alle Vögel, sieben wahre
Rippen o und gar keine falsche, die überhaupt in dem Adler= und
Falkengeschlechte zu fehlen scheinen. p   Die fünf ersten Rippen sind
an den Rückenwirbeln, die beyden letztern aber an dem Becken befestigt.   Die Rippen sind ganz knöchern, und nicht vorne, wie bey
den Säugthieren, knorplicht q, sie werden aber durch eine dünne
Knorpellage in zwey Theile getheilet, deren vorderer dem knorplichten
Fortsatze bey den Säugthieren entspricht. Die Rippen sind an und für
sich beynahe gleich lang, der vordere Theil aber, der sich an das Brustbein befestigt, ist bey der ersten sehr kurz, nimmt aber bey den folgenden
stark in der Länge zu, und ist bey der letzten am längsten. Etwas näher diesem Ansatze als dem Kopfe, befindet sich an den ersten sechs Rippen
nach hinten zu ein knöcherner Ansatz, der schief aufwärts steigt, so
lang ist, daß er immer auf die folgende Rippe ruhen kann, und dadurch den Rippen der Vögel um so viel mehr Festigkeit giebt.   Er
ist

• Belon schreibt den Vögeln sechs Rippen zu, die nach seiner Beschreibung alle
an den Rückenwirbeln befestigt sind, und überdem eine kleinere unter den Flügeln. "Car les oiseaux, sagt er am angeführten Orte, "n'ont en tout que
„douzes cotes entieres, & une petite en chaque coté, au dessous des ailes;"
und seine Zeichnung S. 41. zeigt auch nicht mehr als 12 Rippen.

p On ne trouve point de fosses cotes anterieures, dans l'Aigle, ni dans la Buse.
Vicq- d'Azyr *Memoire* 3. *p.* 519 —   Enfin en examinant les fosses cotes
posterieures dans les memes individus, il est facile de s'assurer, que l'Aigle,
la Buse, la Grue & la Chouette ne paroissent point d'en avoir. *Id. ib.* Steno's Adler aber macht hier eine Ausnahme.   Numerantur septem costæ veræ,
& duæ spuriæ, quæ collo proximæ, secus ac in homine. —   Prima spuriarum
admodum brevis est —   Sequens sese extendit fere ad angulum verarum co-
starum. Barth. act. II. p. 529.

q Ich kann nicht begreifen, wie Aldrovand *Orn. I. p.* 123, diesen Theil
knorplicht nennen kann.

ist bey der ersten Rippe am kürzesten, bey der dritten und vierten aber
am längsten.　Die Köpfe der Rippen sind sehr groß und stark, und
der Hals derselben ausserordentlich lang.　Ihre Befestigung geschieht
auf eben diese Art wie bey den Säugthieren.

Das Brustbein ist ein breiter, vorne verlängerter, hinten aber
etwas eingezogner Knochen, an dessen vorderer Hälfte des Seitenran-
des die Rippen sich befestigen.　Er ist an seiner innern Fläche hohl,
an der äussern aber erhaben, und hat daselbst in der Mitte einen starken grossen und scharfen erhabnen Knochen, der dem Keil eines Schif-
fes gleicht, vorne etwas ausgeschnitten ist, nach hintenzu allmählig
niedriger wird, und sich, nachdem er über drey Viertheil des Brustbeins
gelaufen ist, in eine dreyeckte Fläche endigt.　An den Seiten dieser Flächen befinden sich zwey grosse, eyrunde Oeffnungen, die aber
hinten gröstentheils mit Knochenhaut überzogen sind

Den vordern oder obern Theil der Brust bilden die Gabel,
die Schlüsselbeine und das Schulterblatt, die bey den Vögeln
nicht so sehr zu den Flügeln, als zu der Brusthöhle gehören.

Ich fange der Deutlichkeit und Kürze wegen mit dem Schulterblatte an, welches ein langer, erst etwas schmahler, hernach etwas
erweiterter und vorne spitzer, gewissermassen lanzetförmiger Knochen
ist, der sich bey meinem Adler nicht weiter wie etwas über die dritte Rippe erstreckt.　Das Schulterblatt ist durch Muskeln an den
Rippen befestigt, und schließt sich vorne an den Schlüsselbeinen und
der Gabel an.

Die Schlüsselbeine sind starke feste Knochen, die sich vorne
an der Gabel und dem Schulterblatte mit einem mit Knorpel überzo-
gnen Kopfe, hinten aber mit einer starken Erweiterung durch eine
Auflage und eine Art von falscher Nath an dem Brustbeine befestigen.

An der Seite, wo sie an dem Schulterblatte und an der Gabel befe=
stigt sind, haben sie einen ausserordentlich grossen Kopf, der drepfach
ist, und an dem sich das Achselbein befestigt.

Die Gabel r endlich ist ein starker, aber dünner, vorne breite=
rer und dickerer Knochen, wie an seiner Spitze, dessen beyden Sei=
ten, jede allein betrachtet, die Gestalt einer Sichel haben. Bey die=
sem Adler fehlet der gemeinschaftliche Ansatz beyder Hälften, der sich
bey den Hünern und andern Körnerfressenden Vögeln bey ihrer Ver=
einigung befindet. Die Gabel ist nach vorne hinaus gekrümmt,
weit von den Schlüsselbeinen entfernt, und schließt sich oben an die=
selben an, unten aber ist sie an dem Brustbeine durch eine dicke und
feste Haut befestigt, und stößt zugleich mit ihrer vordern Spitze an den
schnabelförmigen Fortsatz desselben.

Das Achselbein ist ein fester, starker Knochen, der völlig
dem der vierfüßigen Thiere gleicht, nur daß er verhältnismäßig viel län=
ger, und oben viel breiter wie unten ist. Der obere Theil hat zwey
Köpfe, womit es sich um den Kopf, und in den Vertiefungen des
Schlüsselbeins bewegt. Nach hinten zu bildet es eine scharfe und
hohe Erhabenheit: nach aussen ist es stärker ausgedehnt, und nach
untenzu ebenfalls etwas durch eine runde Ecke bezeichnet, so daß es
oben beynahe drepeckt ist: hierauf wird er aber bald rund und en=
digt sich wiederum in zwey Köpfchen, wovon der äussere, oder Ell=
bogenkopf etwas grösser und länger, wie der innere, oder Strahl=
kopf ist, und beyde lassen einen grossen Zwischenraum für den Kopf
des Ellbogenbeins in ihrer Mitte.

Das

---

r Aldrovand scheint die Gabel für einen Theil der Schlüsselbeine anzusehen,
denn er nennt sie clavicularum pars superior p. 123. und Borellus irret
noch mehr, wenn er sie die Schlüsselbeine nennt, und diese für einen Theil des
Schulterblattes ansieht. *De motu animalium I. p. 216.*

Das Ellbogenbein und der Strahl sind ebenfalls ausseror=
dentlich lang und viel länger als das Achselbein. — Das Ellbo=
genbein ist sehr stark, und kommt so ziemlich in seiner Gestalt dem
der vierfüßigen Thiere nahe; aber derjenige Kopf, der den eigentli=
chen Ellbogen bildet, ist weit kürzer wie bey diesen, die Vertiefung
des Halses derselben ist lange nicht so tief, und der innere Kopf ver=
hältnismäßig grösser. Er ist oben breiter wie unten, viereckig=rund,
und etwas über die Mitte nach aussen gebogen. Der untere Kopf
ist vielmehr eine Verlängerung desselben, für die Vorhandsbeine ei=
ne Pfanne zu bilden. — Der Strahl ist an seinem kleinern obern
Kopfe befestigt, er hat wie bey den Säugthieren oben einen etwas brei=
tern Kopf, mit einer Vertiefung, worinn der untere innere Kopf des
Achselbeins paßt, unten geht er etwas über das Ellbogenbein her=
über und hat hier zwey Köpfe, die inwendig eine kleine Vertiefung
bilden, worinn sich die Handbeine bewegen.

Die Hand besteht aus zwey Vorhandsknochen, und einem
Handknochen, dem Daum und dem Finger.

Der äussere Vorhandsknochen s ist ein oben fast in zwey Kö=
pfen getheilter würfelförmiger Knochen, der in der Höhlung, welche
der Strahl und das Ellbogenbein bilden, sich bewegt, und mit sei=
ner untern Fläche an den Handknochen befestiget ist. — Der in=
nere Vorhandsknochen hat beynahe die Gestalt eines Backenzahns
mit einer doppelten Wurzel. Er ist mit seiner innern engern Seite
an dem Ellbogenbeine und mit seinen Wurzeln an beyden Handbei=
nen befestigt.

Die beyden Handknochen waren bey meinem Adler schon ganz
zusammen verwachsen, und bildeten so nur einen einzigen Knochen,
den ich aber der Deutlichkeit wegen trennen und in dem grössern und

R 3				klei=

s Belon thut seiner allein in seiner Beschreibung Erwähnung, ob er gleich bey=
de Vorhandsknochen abgezeichnet hat. Er nennt ihn l'os du poignet nommé
carpus.

kleinern eintheilen will. Der gröſſere Handknochen iſt der obere und äuſſere. Mit ſeinem auſſerordentlich = breiten Kopfe, der eine dreyfache Erhöhung hat, bewegt er ſich zwiſchen dem Vorhandsbeine und dem Ellbogenbeine, und bildet zugleich durch ihn einen Hand= knochen für den Daum t; hierauf wird er plötzlich enger, und iſt nicht rund, ſondern vielmehr gewunden, und oben ganz platt. Un= ten hat er zwey Köpfe, wovon der äuſſere kleiner, der innere aber, der mit dem kleinern Handbeine verwachſen iſt, gröſſer und länger iſt. — Das kleinere Handbein iſt oben bey ſeinem Urſprunge mit dem gröſſern verwachſen: es iſt hier kürzer wie dieſes und ſtößt allein in die innere Höhle, welche das innere Vorhandsbein zwiſchen ſeinen Wurzeln bildet. Es iſt ein platter oben viel breitrer Knochen wie unten, deſſen unterer Kopf ſich gegen das gröſſere Handbein biegt, und ſo mit ihm verwachſen iſt.

Der Daum iſt ein einfacher und meſſerförmiger Knochen, der oben, oder an ſeiner Wurzel am breiteſten und dickſten iſt, und ziem= lich ſpitz zuläuft, er iſt, wie ich ſchon erinnert habe, an der untern und äuſſern Fläche des obern Kopfes des gröſſern Handknochens be= feſtigt, und dient zur Bewegung des falſchen Flügels.

Der Finger beſteht aus zwey Knochen, wovon ich den erſten das erſte Glied, den andern das zweyte Glied nennen will. — Viele Zeichnungen und Beſchreibungen u haben zwar aus dieſem erſten Gliede mehrere Knochen gemacht, bey genauer Zergliedrung aber

R 4

und

---

t Belon ſchreibt dieſes Geſchäfte dem äuſſern Vorhandsknochen zu (p. 42.) und der Herr Vicq = d'Azyr hat dieß mit Recht an ihm getadelt. *Mem. 2de* p. 576.

u Belono Beſchreibung und Zeichnung S. 41. 42. Beym Aldrovand und Coiter iſt es immer richtig gezeichnet. Bey Meyer iſt es zuweilen rich= tig zuweilen falſch. Vicq = d'Azyr macht ſogar am angeführten Orte zwey Knochen daraus.

und bey angewandter gehöriger Vorſicht dabey wird man leicht finden, daß es nur aus einem Knochen beſtehe, der weder aus mehrern
Knochen zuſammengeſetzt iſt, noch inwendig Löcher hat, ſondern der
mit einer wahren knochichten überaus dünnen Maſſe angefüllt iſt, wie
es auch Coiter im elften Capitel richtig beſchrieben hat. Dieſe
dünne Knochenlage aber abgerechnet ſcheint es aus zwey Knochen zu
beſtehen, wovon der eine an der untern Seite ſich befindet, nicht ſehr
groß, ſpitz und an der Wurzel ziemlich ſtark iſt, und ſich mit ſeiner
Spitze etwas aus dem knöcherigen Gewebe hinauserſtreckt. Der andre iſt ſtärker, und hat die völlige Länge des innern Fingergliedes oder iſt
vielmehr das Glied ſelbſt. Er iſt oben ziemlich breit und platt und
giebt unten etwas über die Mitte einen Aſt ab, der ſich ebenfalls bis
zum Rande der knöchernen Haut erſtreckt, und ſich leicht durch ſeine
Undurchſichtigkeit und ſtärkere Dicke kenntlich macht. Er liegt eben
ſo wie der erſte Knochen mit einem ſpitzen Winkel auf dem groſſen Glied-
knochen. Dieſer gröſſere Knochen hat oben einen faſt dreyeckten Kopf,
der nur wenig gerundet iſt. — Von dem zweyten Gliede, welches
auf dieſem Kopfe ruhet, weiß ich weiter nichts zu bemerken, als daß es
die Geſtalt einer ſpitzen dreyeckten Pyramide habe.

Das Schenkelbein iſt dem der Säugthiere ſo änlich, daß
es faſt keiner Beſchreibung bedarf. Der obere Kopf deſſelben iſt
ziemlich groß, aber der Nacken weit kürzer. Der groſſe Muskelnfortſatz (trochanter maior) iſt höher wie der obere Kopf, überaus groß und
ſtark: ein kleiner Muskelnfortſatz (trochanter minor) iſt gar nicht vorhanden. Der Knochen ſelbſt iſt etwas nach vorne zu ausgebogen,
und rund. Unten hat er zwey Köpfe, die früh eine breite Rinne bilden.

Eine Knieſcheibe habe ich nicht entdeckt, ſondern ſtatt ihrer
nur ſtarke Flechſen, die ihre Stelle vertreten.

Das

Das Schienbein und Wadenbein sind zusammen verwach=
sen, und das letztere ist nur ein Ansatz von jenem. Das Schien=
bein hat einen flachen, ziemlich breiten, fast viereckten Kopf, der durch
scharfe Erhabenheiten, die sich oben an dem Schienbeine erheben
und von denen die stärkste zwischen der innern und Vorderfläche des=
selben sich befindet, gebildet wird; diese letztere läuft auch als eine
stumpfe Ecke, den ganzen Knochen hinunter. An der äussern Sei=
te erhebt sich über die Mitte eine ebenfalls scharfe Erhöhung, die in
ihrer Mitte eine ziemlich starke Spitze hat. Unten endigt sich das
Schaambein in zwey niedrigen Köpfen. Nicht völlig einen Zoll über
diesen untern Kopf entspringt das Wadenbein aus dem Schienbeine
an der äussern, nicht an der hintern Seite, wie bey den vierfüßigen
Thieren, welches unten sehr dünne ist, allmählig aber dicker und
stärker wird. Es ist mit der äussern Erhabenheit des Schienbeins
verwachsen, und hat etwas über diese einen kleinen Dornfortsatz,
der nach hintenzu gekehrt ist. Sein Kopf ist ziemlich stark.

Der Fuß besteht aus einem Fersenbeine und den Gliedern
der Zähen. Die Fußbeine mangeln den Vögeln gänzlich, oder wenn
man lieber will die Fersenbeine, denn der Nahme ist bey diesem
einzelnen Knochen ganz gleichgültig: da es aber gewöhnlich Os calca=
neum genennet wird, so habe ich ihm auch denselben Nahmen lassen
wollen w. Es ist ein unten ausgehöhlter kahnförmiger Knochen,
der oben zwey Flächen hat, die obere oder innere, und die äussere.
Es hat oben zwey Köpfe, einen äussern und einen innern. Der äus=
sere oder vielmehr obere Kopf ist breit, platt, dünne und gewisser=
massen zwiefach. Der untere oder innere ist ein Knochenansatz der
Höhle des Fersenbeins, der an seiner Wurzel ziemlich breit und stark
ist, und auch einen ziemlich breiten Kopf hat. Die obere oder innre
Fläche

---

w Herr Vieq=d'Agyr nennt es Os du Metatarse. *Mem.* 3me p. 509. Belon
la Jambe, und in seiner Erklärung des Vogelgerippes nennt er es l'Os donné
pour Jambe aux oiseaux, correspondant à notre talon.

Fläche des Fersenbeins ist anfangs blos eine obere Fläche, die hori=
zontal läuft, allmählig aber sich herabsenkt, und zu gleicher Zeit eine
innere Fläche bildet: sie ist oben etwas breiter wie unten. Die äus=
sere Fläche des Fersenbeins ist ganz platt und eben, allein nach aussen
gekehrt und in der Mitte etwas breiter als oben und unten. Diese
beyden Flächen bilden unten vier Köpfe, die aber nicht stark getheilt
sind für die Finger. — Der hintere Finger hat nur ein, die vordern
aber alle zwey Glieder, ausser den Knochen, welche die Nägel aus=
füllen, deren nähere Beschreibung mir unnöthig zu seyn scheint.

Maasse des Gerippes.

	''	'''	''''
Länge des ganzen Kopfs	3.	0.	0.
Länge des Schnabels bis zur Stirn	0.	9.	0.
— bis zum Ende des Jochbeins	2.	3.	7.
Länge des Jochbeins von seinem Kopfe bis dahin wo es anfängt brei=			
ter zu werden	1.	5.	2.
Länge des Jochbeins bis zur Tiefe der innern Nasenhöhle	1.	7.	0.
Länge der Nasenknochen	0.	7.	5.
Gemeinschaftliche Breite derselben am Schnabel	0.	1.	8.
— etwas unter ihrer Wurzel (wo sie am			
breitesten sind)	0.	3.	0.
Länge der Hirnschale vom Schnabel bis zur Erhöhung, welche die Höh=			
le des Hirnleins bildet	2.	6.	8.
— von dem Nasenknochen bis dahin	1.	11.	5.
— von der Hinterseite der vordern Nasenlöcher	2.	1.	5.
Länge der vordern Nasenlöcher	0.	5.	7.
Vordere Höhe derselben	0.	2.	9.
Hintere Höhe derselben	0.	1.	0.
Länge des obern Nasenlochsfortsatzes	0.	5.	0.
Länge des untern Nasenlochsfortsatzes	0.	4.	2.
Breite der Vereinigung beyder Nasenlochsfortsätze	0.	2.	4.
Breite des obern Nasenlochsfortsatzes in der Mitte	0.	0.	5.

S

Breite

Breite des untern	—	—	—	0. 0. 7.
Breite der Hirnschale mitten über die Augen			—	0. 7. 5.
— — hinter den Augenbraunen			—	0. 9. 0.
— — von den Spitzen beyder Schlafbeinsfortsätze				1. 6. 6.
— — von dem äussern Rande der Felsbeine			—	1. 5. 4.
Höhe der Hirnschale vom Knöpfchen		—	—	1. 1. 6.
Länge des Schlafbeinfortsatzes bis ans Jochbein			—	0. 7. 0.
— bis an den Knorpel			—	0. 4. 2.
Breite desselben an der Wurzel			—	0. 2. 1.
— — an der Spitze		—	—	0. 0. 7.
Breite des Felsbeins	—	—	—	0. 5. 8.
Länge des Hinterhauptbeins	—	—	—	1. 0. 0.
Breite desselben	—	—	—	1. 3. 0.
Von der Kante desselben bis zur Rükenmarksöffnung			—	0. 5. 8.
Länge der Rückenmarksöffnung		—	—	0. 3. 2.
Breite derselben	—	—	—	0. 3. 6.
Länge des Knöpfchens	—	—	—	0. 1. 2.
Breite desselben	—	—	—	0. 1. 1.
Höhe desselben	—	—	—	0. 0. 8.
Länge der Augenhöhle	—	—	—	1. 3. 0.
Höhe derselben	—	—	—	1. 0. 8.
Höhe der Scheidewand	—	—	—	0. 9. 0.
Länge derselben von der Gegend unter dem Loche für den Gesichtsner= ven bis zur Spitze der Flügel derselben				0. 11. 1.
Länge derselben vom hintern Loche für die Geruchsnerven bis zum vor= dern				0. 7. 5.
Länge des eyrunden Lochs in der Mitte derselben			—	0. 3. 5.
Höhe derselben	—	—	—	0. 2. 6.
Länge der Flügel derselben	—	—	—	0. 3. 9.
Breite derselben an der Wurzel		—	—	0. 5. 3.
— — an der Spitze		—	—	0. 2. 0.
Länge der Augenbraunknochen	—	—	—	0. 9. 7.
Breite derselben an der Wurzel		—	—	0. 7. 9.
— — in der Mitte		—	—	0. 3. 0.
Länge des eigentlichen Augenbraunknochens		—	—	0. 6. 6.
Länge des Fortsatzes	—	—	—	0. 3. 1.

Größte

Größte Breite deffelben — — —	o. 3. 4.
Länge des heruntergehenden Theils des Augenbraunknochens —	o. 5. 3.
Größte Breite deffelben — — —	o. 2. o.
Breite des Kopfs von einer Spitze der Augenbraunen bis zur andern	1. 7. o.
Länge der hintern Nasenhöhle — —	o. 6. 4.
Größte Höhe derselben — — —	o. 4. o.
Länge der Gaumknochen — —	1. 8. o.
Länge der Oeffnung die sie bilden — —	o. 10. 4.
Breite derselben — — —	o. 2. 2.
Länge des Pflugschaars — — —	o. 8. 8.
Länge des Knochens zwischen den Gaumknochen und dem gemeinschaft- lichen Kieferbeine — —	o. 8. o.
Länge des gemeinschaftlichen Kieferbeins —	o. 5. o.
Breite seines obern Kopfes — —	o. 3. 5.
Breite des untern Kopfes — —	o. 3. 7.
Breite seiner untern Fläche — —	o. 2. o.
Von seinem obern Kopfe bis zur Spitze des Triangels —	o. 6. 9.
— — untern Kopfe bis dahin —	o. 6. 3.
Länge des Unterkiefers —	2. 1. o.
Breite des Kopfes deffelben — —	o. 6. 2.
Breite der Spitze des Kopfes —	o. 4. o.
Höhe des Unterkiefers —	o. 2. 7.
Zwischenraum der innern Seiten deffelben —	o. 11. 5.
— — der Spitzen des Kopfs deffelben —	o. 6. 6.
Länge des ganzen Halses — —	3. 10. o.
Ganze Höhe des Trägers — —	o. 3. 6.
Breite deffelben — —	o. 3. 7.
Länge deffelben oben in der Mitte —	o. o. 8.
Länge seines Fortsatzes — —	o. 1. 7.
Breite deffelben —	o. 1. 8.
Höhe seiner Rückenmarks-Oeffnung —	o. 2. o.
Breite derselben —	o. 2. 1.
Länge des zweyten Wirbels — —	o. 4. o.
Breite deffelben —	o. 5. o.
Höhe seines Dornfortsatzes — —	o. 1. o.
Länge der untern Nebenfortsätze —	o. 1. 9.

Obere

Obere Länge des fünften Halswirbels bis zur Mitte	=	0. 2. 3.
— — — bis zum Ende des obern		
Nebenfortſatzes		0. 5. 0.
Untere Länge deſſelben — —		0. 4. 8.
Breite — — —		0. 2. 3.
Länge der untern Nebenfortſätze —		0. 1. 4.
Obere Länge des dreyzehnten Halswirbels —		0. 2. 5.
Untere Länge deſſelben — —		0. 3. 2.
Höhe — — —		0. 7. 0.
Höhe des Dornfortſatzes deſſelben —		0. 2. 3.
Breite deſſelben unten an der Wurzel —		0. 2. 0.
Unterer Fortſatz — —		0. 0. 7.
Länge der Nebenfortſätze — —		0. 2. 2.
Obere Länge des vierzehnten Halswirbels —		0. 3. 0.
Untere Länge deſſelben —		0. 3. 0.
Breite deſſelben — —		0. 6. 8.
Breite des Körpers deſſelben —		0. 3. 5.
Höhe der Rückenmarkshöhle —		0. 2. 2.
Höhe ſeines Dornfortſatzes —		0. 3. 0.
Untere Breite deſſelben —		0. 2. 7.
Obere Breite deſſelben —		0. 3. 3.
Länge der ſämtlichen Rückenwirbel —		1. 7. 0.
Länge des erſten Rückenwirbels —		0. 3. 5.
Breite — —		0. 7. 0.
Höhe ſeines Fortſatzes —		0. 2. 4.
Breite deſſelben —		0. 3. 7.
Länge des letzten Rückenwirbels —		0. 3. 6.
Breite — —		0. 10. 3.
Höhe ſeines Fortſatzes —		0. 2. 0.
Breite deſſelben —		0. 3. 5.
Länge des ganzen Beckens bis zu dem Kukuksbeine —		2. 1. 4.
— — bis zur Spitze der Schaambeine —		2. 10. 8.
Länge des Heiligenbeinwirbels —		0. 3. 6.
Breite — —		0. 10. 7.
Höhe ſeines Dornfortſatzes —		0. 2. 3.
Länge der ihn bedeckenden Platte —		0. 2. 3.

Vordere

Vordere Breite derselben — =	0. 3. 0.
Länge der Heiligenbeinsbedeckung von der Spiße dieser Platte bis zu dem Kukukbeine —	1. 9. 7.
Länge derselben von da an bis zu ihrem Ende —	2. 5. 2.
Breite des Beckens an dem Rande der Hörner des Heiligenbeins	1. 2. 0.
Breite dieser Hörner — —	0. 1. 5.
Breite der Heiligenbeinsbedeckung in der Mitte —	0. 3. 3.
— — über die Pfanne —	1. 5. 0.
Länge des Heiligenbeins —	1. 8. 8.
Breite desselben bey dem Heiligenbeinswirbel —	0. 2. 7.
in der Mitte — —	0. 4. 5.
— — am Ende — —	0. 2. 2.
Länge der Darmbeine, oben bis zur grossen eyrunden Oeffnung	1. 10. 8.
— — unten bis zur kleinen eyrunden Oeffnung	1. 7. 2.
— bis zur Pfanne des Schenkelbeins —	1. 4. 8.
Vordere Höhe — — —	0. 3. 5.
Hintere Höhe — —	0. 7. 6.
Länge der Pfanne — — —	0. 3. 4.
Breite derselben — — —	0. 2. 6.
Länge des grossen eyrunden Lochs —	0. 5. 0.
Breite desselben — —	0. 2. 6.
Länge des kleinen eyrunden Lochs —	0. 3. 1.
Breite desselben — —	0. 1. 5.
Länge des Hüftbeins von der Pfanne —	0. 11. 0.
— von dem grossen eyrunden Loche —	0. 7. 7.
— — von dem kleinen eyrunden Loche	0. 9. 0.
Aeussere Breite desselben in der Mitte bis zur Heiligenbeinsbedeckung	0. 3. 2.
— — am Ende der Heiligenbeinsbedeckung —	0. 4. 7.
— an der Spiße —	0. 1. 4.
Größte inwendige Breite — —	0. 8. 2.
Länge der Schaambeine —	0. 6. 6.
Entfernung derselben von einander —	0. 1. 0.
Länge der sämtlichen Kukuksbeine —	1. 2. 0.
Breite des ersten Kukuksbeins —	0. 5. 0.
— vorlezten — —	0. 6. 5.
— lezten — —	0. 5. 0.

Untere

Untere länge des Schwanzbeins — —	0. 9. 4.
Obere länge — — —	0. 8. 7.
Höhe — — —	0. 3. 4.
Größte Dicke — —	0. 2. 0.
länge der ersten Rippe — —	1. 3. 5.
Breite — — —	0. 1. 0.
länge ihres Ansatzes — —	0. 4. 5.
Größte Breite desselben — —	0. 2. 4.
länge ihres Brustbeinansatzes — —	0. 4. 3.
länge ihres grossen Kopfs — —	0. 2. 0.
länge der vierten Rippe bis zum Brustbeinansatz —	1. 6. 5.
Breite oben — —	0. 1. 0.
— unten — —	0. 1. 4.
länge ihres grossen Kopfs — —	0. 3. 6.
länge ihres Ansatzes — —	0. 7. 4.
Breite desselben an der Wurzel — —	0. 4. 2.
— in der Mitte — —	0. 0. 7.
länge ihres Brustbeinansatzes —	0. 10. 1.
länge der siebten Rippe — —	1. 7. 7.
Breite — —	0. 1. 1.
länge ihres grossen Kopfs — —	0. 3. 0.
länge ihres Brustbeinansatzes —	1. 4. 0.
länge des Brustbeins — —	2. 3. 3.
Breite vordere in grader Linie —	1. 4. 4.
— hintere — —	1. 3. 0.
länge des Kamms von unten —	1. 11. 5.
— von oben an seiner Spitze —	1. 10. 0.
Vordere Höhe desselben —	0. 8. 2.
länge des Dreyecks — —	0. 4. 2.
Breite desselben —	0. 7. 0.
länge der löcher mit der Knochenhaut —	0. 3. 0.
— — ohne dieselbe — —	0. 2. 8.
länge des Schulterblatts — —	2. 1. 0.
Vordere Breite — —	0. 1. 9.
Größte Breite desselben — —	0. 4. 0.
länge der Schlüsselbeine — —	1. 5. 5.
	Breite

Breite des untersten Kopfs derselben	0. 6. 1.
Umfang in der Mitte	0. 9. 0.
Länge der Gabel	1. 4. 5.
Breite oben am Kopfe	0. 3. 6.
Ihre größte Entfernung von einander	1. 3. 8.
Entfernung von dem Schlüsselbeine	0. 6. 3.
Länge des Achselbeins	3. 11. 2.
Größte Breite seines obern Kopfes	0. 9. 2.
Länge seines Kammes	1. 2. 6.
Höhe desselben hinten	0. 4. 0.
— — vorne	0. 2. 5.
Umfang des Achselbeins in der Mitte	0. 10. 2.
Breite des untern Kopfs	0. 8. 0.
Länge des Ellbogenbeins	4. 9. 0.
Umfang in der Mitte	0. 8. 8.
Breite der beyden obern Köpfe desselben	0. 5. 4.
Höhe des Ellbogenkopfs	0. 2. 7.
— innern Kopfs	0. 1. 4.
Breite des untern Kopfs	0. 4. 4.
Länge des Strahls	4. 5. 0.
Umfang	0. 5. 5.
Länge des Handknochens	2. 3. 7.
Breite seines obern Kopfes	0. 7. 3.
Umfang des äussern Handknochens	0. 7. 0.
Größte Breite des innern Handknochens	0. 2. 0.
Breite des untern Kopfs	0. 4. 4.
Länge des Daums	0. 8. 4.
Länge des ersten Fingergliedes	0. 10. 0.
Breite desselben	0. 4. 0.
Länge des zweyten Fingergliedes	0. 7. 4.
Länge des Schenkelbeins	0. 8. 5.
Länge seines Kopfs	0. 2. 0.
Größter Durchmesser desselben	0. 2. 8.
Breite des Schenkelbeins vom Mittelansatz bis zum Kopfe	0. 6. 8.
Umfang in der Mitte	0. 10. 5.
Länge des untern Kopfs	0. 6. 5.
Länge des Schienbeins	3. 9. 6.

Umfang desselben — — —	0.	9.	4.
Breite des obersten Kopfs desselben - — —	0.	5.	1.
Breite des untersten Kopfs — —	0.	5.	6.
Vom untersten Kopf des Schienbeins bis zum Ursprung des Wadenbeins	0.	9.	5.
Länge des Wadenbeins — — —	3.	0.	0.
Breite seines Kopfs — , — —	0.	3.	8.
Länge seines Ansatzes — —	0.	1.	0.
Länge des Fersenbeins — —	2.	9.	5.
Breite des obersten Kopfes — —	0.	5.	0.
— der untersten Köpfe zusammen genommen —	0.	6.	3.
Länge des ersten Gliedes des innern Fingers — —	0.	3.	0.
— — des mittlern Fingers —	0.	7.	8.
— — des äussern Fingers — —	0.	5.	2.
— zweyten Gliedes des innern Fingers —	0.	7.	0.
— des mittlern Fingers —	0.	7.	0.
— des äussern Fingers — —	0.	5.	5.
Länge des Gliedes des hintern Fingers — —	0.	8.	5.

Die Muskeln.

Taf. 5. 6.

Die Muskeln der Vögel sind zwar noch nie gezeichnet, und viel seltner als das Gerippe derselben, und nur erst dreymal ganz beschrieben worden, von S t e n o x nehmlich, A l d r o v a n d y und dem gelehrten Herr V i c q = d' A z y r z, ausser einigen einzelnen Muskeln, deren Beschreibung man im C o i t e r, A l d r o v a n d, B o r e l l u s und andern findet. Obgleich ausser S t e n o, keiner der ersten ein vollständiges Verzeichniß geliefert hat, so sind im ganzen genommen ihre Beschreibungen doch so vortreflich, daß man leicht mehrerer entbehren kann.

L.

x *Historia musculorum Aquilae* D. NICOLAI STENONIS in BARTHOLINI *Act.*
 Hafn. Vol. II. p. 320.

y *Ornithol. I. p.* 117.

z An dem Seite 118. angeführten Orte.

I.

Die Kopfmuskeln.

1) Der Stirnmuskel und Hinterhauptsmuskel. Er ist der Musculus frontalis und occipitalis bey den Menschen. Dieses Muskels hat noch keiner bey den Vögeln Erwähnung gethan, und hieran ist seine ausserordentliche Dünne ohne Zweifel Schuld oder er fehlt auch bey einigen Vögeln wirklich, denn bey den Hühnern habe ich ihn nicht entdeckt. Man sieht mit Recht den Stirn= und Hinterhauptsmuskel für einen einzigen Muskel an a der unter der Wachshaut entsteht, und sich bis zu der Erhöhung des Hinterhauptbeins erstreckt. Seine Dünne erlaubte nicht, daß ich ihn näher untersuchen konnte.

2) Der Augenbraunmuskel (Fig. 1. A). Ein fast eben so dünner, aber fleischichter Muskel, der an dem Rande des Augenbraunknochens befestigt ist, über ihn in häutiger Gestalt weggeht, und sich an einer kleinen Hervorragung des obern Randes der Augenhöhle befestiget, und, den Ansatz der Augenbraunen in die Höhe zu heben, zu dienen scheint.

3) Der Aufzieher des Augengliedes (Fig. 1. B). Er ist an der untern Seite des Augenbraunknochens nach vorne zu befestigt und geht bis zu der Erhabenheit seines herunterlaufenden Theils an seinen Rändern fort, und ist so an dem untern Augenliede befestiget, welches er in die Höhe zieht. Er hat also eine entfernte Aehnlichkeit mit dem runden Augenmuskel (Orbicularis minor) der Menschen.

4)

---

a Sollte man diese beyden Muskeln bey den Menschen und vierfüßigen Thieren nicht auch als einen einzigen ansehn können?

T

4) Der Niederzieher des Augenliedes (Fig. 1. C) Der
Depreſſor palpebræ inferioris bey den Menſchen. Er bildet durch flech=
ſichte Faſern das ganze Augenlied, und iſt theils an dem Backenmus=
kel theils an der Haut befeſtigt, und zieht das Augenlied herunter.
Einige Faſern befeſtigen ſich an dem Fortſatze des Augenbraunkno=
chens, und der Erhabenheit des Augenrandes, und dienen zum Auf=
ziehn des Augenliedes. Dieſes ganz entgegengeſetzte Geſchäft würde
mich bewogen haben, dieſe Faſern zu einem von dem vorigen abge=
ſonderten Muſkel zu machen, wenn ihre genaue Verbindung mit dem=
ſelben mir nicht alle Trennung verſagt hätte.

Die ſchnelle Fäulniß, worinn mein Adler überging, ob ich ihn
gleich, ſobald als er gezeichnet war, in Brantwein legte, worinn er aber
zur Ausarbeitung und Zeichnung der Muſkeln nur des Abends und
des Nachts liegen konnte, verhinderte mich ſowohl die Muſkeln der
Blinzhaut, als alle innere Muſkeln des Auges zu unterſuchen. Die
erſtern hat Steno Seite 321 und 322 beſchrieben.

5) Der Naſenmuſkel. Der Pyramidalis bey den Menſchen.
Er entſteht an dem Stirnbeine, und läuft unter der Wachshaut bis
zu dem Schnabel.

6) Der Backenmuſkel (Fig. 1. DD). Ein ſonderbarer, dün=
ner, flechſichter Muſkel, der ſich oben an dem vorderen Theile der
obern Fläche des Augenbraunknochens, hernach an dem untern
Naſenlochfortſatze des Stirnbeins, dem Jochbeine, dem Knorpelan=
ſatze des ſchwertförmigen Fortſatzes des Schlafbeins, dieſem Fortſatze
ſelbſt, und dem obern Rande der Augenhöhle befeſtiget, und die Stel=
le des Trompeters und Jochbeinmuſkels (Buccinator und Zygomaticus)
bey den Menſchen vertritt.

7)

7) Der **hintere Ohrmuſkel** (Fig. 1. E). Der Eleuator auris ſuperior der Menſchen.

8) Der **innere Ohrmuſkel** (Fig. 1. F). Der Eleuator auris anterior.

9) Der **obere Ohrmuſkel** (Fig. 1. G). Alle drey Ohrmuſ-keln entſtehn an dem Rande der Augenhöhle, welche das Schlafbein bildet. Der erſte und letzte werden beyde an dem erhabnen Strich, der das Felsbein von der übrigen Hirnſchale unterſcheidet, befeſtigt. Der obere Ohrmuſkel iſt ziemlich breit, und auſſerordentlich dünne, und gleichet an Geſtalt dem Schlafmuſkel der Menſchen. Der hin-tere Ohrmuſkel iſt ſtärker, ſchmahl, länglicht-viereckt, und liegt über dem obern herüber.

10) Der **Mundöfner** (Fig. 1. H). entſteht an dem Schlaf-Beine und Hinterhauptsbeine, biegt ſich halbmondförmig über den Gehörgange herum und befeſtigt ſich an dem Kopfe des untern Kie-fers. Er iſt der Schlafmuſkel (Muſculus temporalis oder Crotaphites) bey den Menſchen, und dieſen Namen führt er auch beym **Vicq-d'Azyr** und **Steno.**

11) Der **Kaumuſkel** (Fig. 1. I). entſteht an dem untern Kiefer, ſo bald das Horn, das den Schnabel bildet, aufhört, und läuft an dem untern Rande deſſelben bis dahin, wo ſich an dem obern der kleine Fortſatz befindet, wird bis etwan zu ſeiner Hälfte an der, die Mundesöfnung einfaſſenden Haut, und hernach an dem Jochbeine be-feſtigt. Er führet denſelben Namen (Maſſeter) bey den Menſchen, und verrichtet daſſelbe Geſchäft. Eben dieſen Namen hat er auch beym Herrn **Vicq-d'Azyr.**

12) Der **Mundſchlieſſer.** Er entſteht an der äuſſern Flä-che des gemeinſchaftlichen Kieferbeins, und wird an dem Fortſatze und

T 2 dem

dem Ausschnitte des Unterkiefers befestigt. 　 Sein Name zeigt seinen Gebrauch an.

13) Der Unterkiefermuskel (Fig. 1. K). Er entsteht an der innern Seite der ganzen vordern Hälfte des Unterkiefers, läuft mit einer ziemlich starken, allmählich verminderten Breite an jeder Seite bis zum Zungenbeine, an dem er bey dem Gelenke befestigt ist. Er ist ohne Zweifel der Genio - hyoïdien des Herrn Vicq-d'Azyr, er befestigt sich aber nicht, wie dieser behauptet, an der Wurzel der Zunge, sondern dieses Geschäft verrichtet vielmehr eine dicke Haut, die sich über diesen Muskel herschlägt und oben gleichsam eine Scheide für ihn bildet, die an dem untern Theile der Zunge, und der Wurzel derselben befestigt ist, und mit dem Kaumuskel (Genioglossus) übereinkommt. 　 Dieser Unterkiefermuskel ist aber ohne Zweifel der Genio-hyoïdes des Steno.

14) Der Zungenwurzelmuskel (Fig. 1. L). Er ist vollkommen derselbe mit dem Basioglossus der Menschen. 　 Er entsteht an der Wurzel der Zunge und endigt sich an dem ersten Gliede des Zungenbeins bey dem Gelenke.

15) Der aufhebende Zungenbeinmuskel (Fig. 1. MM). Er entsteht in der Vertiefung des untern Kiefers, und vereinigt sich hernach durch einzelne Muskelnfasern mit dem Unterkiefermuskel, nahe bey seiner Befestigung, und wird auf diese Weise an dem Zungenbeine befestigt, welches er rückwärts und in die Höhe zieht.

16) Der Luftröhrenmuskel ist ein äusserst dünner Muskel, der an jeder Seite der Luftröhre wegläufft.

II.

II.

Die Halsmuskeln.

1) Der grosse Halsmuskel (Fig. 2 und 3 AA). Er entsteht an den beyden ersten Rückenwirbeln, und den letzten Halswirbeln, und endigt sich an dem Hinterhauptsbeine. Er entspricht dem Complexus maior, und zieht den Kopf in die Höhe.

2) Der dünne Halsmuskel (Fig. 2. B). Er entsteht an dem Dornfortsatze des ersten Rückenwirbels, und endigt sich an dem Hinterhauptsbeine. Er zieht ebenfalls den Kopf aufwärts.

3) Der kleine Kopfheber. Der Rectus posticus minor bey den Menschen. Er ist an dem Hinterhauptsbeine und dem Träger befestigt, und hebt den Kopf in die Höhe.

4) Der Kopfbieger. Er entsteht an den vier oder fünf ersten Rippen, und befestigt sich an dem Hinterhauptsbeine nahe bey der Rückenmarkshöhle. Er biegt den Kopf seitwärts.

5) Der Kopfdreher befestigt sich an dem Schlafbeine, und an dem Dornfortsatze des ersten Halswirbels. Er dreht den Kopf herum.

6) Der lange Muskel (Fig. 2. C). Er entsteht von dem Heiligenbeine, läuft unterwärts an den sämmtlichen Rücken- und Halswirbeln hinauf, und befestigt sich unten an dem Fortsatze des Trägers. Er zieht den Hals nieder.

7) Der vielarmigte Halsmuskel. (Fig. 3. D) Er entsteht an dem ersten Rückenwirbel, und wird an dem zweyten Halswirbel

T 3   befestigt

befeſtigt.   Nach unten zu vereinigt ſich ſeine Flechſe noch mit fünf andern Muſkeln, die ſich an dem 9, 10, 11, 12, 13 und 14 Hals=wirbel ſo endigen, daß der 9, 10, 11, und 12 jede einen eignen Muſkelarm, der 13 und 14 aber einen gemeinſchaftlichen haben. Er hebt den Hals in die Höhe, und iſt ohne Zweifel der Digaſtricus des S t e n o.

8) Der Halsbieger. Er geht von dem Bruſtbeine und der erſten Rippe bis zum letzten Halswirbel, und biegt den Hals zur Seite.

9) Der Rückenmuſkel entſteht an dem vordern Rande des Beckens und iſt an dem letzten und einigen vorhergehenden Wirbeln des Halſes befeſtigt, den er in die Höhe hebt.

Der einzelnen Muſkeln, welche die Wirbelbeine unter einan=der verbinden, und dem Scaleno, Transverſali magno, den Interſpinoſis und Intertransverſalibus entſprechen, oder mit dem vielarmigten Muſkel, wie ich eben No. 7 geſagt habe, nur einen Muſkel ausmachen, und welche S t e n o alle als einzelne für ſich beſtehende Muſkeln angeſehn hat und S. 326 und 327 beſchreibt, thue ich hier keine Erwähnung

III.

Die Bruſtmuſkeln.

1) Der Zuſammenzieher der Bruſt (Fig. 2. E). Er iſt an den erſten und letzten Rippen, dem Schlüſſelbeine und einem Theile des Bruſtbeines befeſtigt, und zieht die Bruſt zuſammen.

2) Die Erheber der Bruſt.   Sie entſtehn an der innern Seite einer jeden eigentlichen Rippe, und endigen ſich an der äuſſern
Seite

Seite jeder vorhergehenden, und den Rückenwirbeln. Sie entspre=
chen den Leuatoribus coſtarum bey den Menſchen.

3) Die Erheber der Rippenfortſätze. Sie entſtehen am
Bruſtbeine, und der vordern Seite desjenigen Theils der Rippen, der
bey den Menſchen knorplicht iſt, und endigen ſich an der hintern Sei=
te deſſelben. Sie heben dieſe Fortſätze in die Höhe, und entſprechen den
Sternocoſtalibus.

IV.

Die Bauchmuſkeln.

1) Der grade Bauchmuſkel (Fig. 2. F) der Rectus bey
den Menſchen. Er entſteht an dem Rande des Dreyecks, welches der
Raum des Bruſtbeins bildet, und wird an den Spitzen der Schaam=
beine und dem Aftermuſkel (Sphincter ani) befeſtigt.

2) Der äuſſere ſchräge Bauchmuſkel (Fig. 2. H) Ein ſehr
dünner fleiſchichter Muſkel, der ſich an dem Bruſtbeine, der letzten
Rippe und dem Rande des Darmbeins, Hüftbeins und Schaambeins
befeſtigt. Sein Name und Nutzen iſt derſelbe (Oblique deſcendens)
wie bey den Menſchen.

3) Der innere ſchräge Bauchmuſkel. Der Oblique aſcendens
der Menſchen. Er iſt etwas ſtärker wie der vorige, und ſtimmt in
allen mit ihm überein, auſſer in der Richtung ſeiner Faſern.

4) Der Queerbauchmuſkel. Er weicht darinn auſſer dem Lau=
fe ſeiner Faſern von dem vorigen ab, daß er vorne und an ſeinen

Enden

Enden flechsicht ist. Uebrigens ist er ihnen völlig gleich, und stimmt vollkommen mit dem Transversalis der Menschen überein.

V.

Die Muskeln des Arms.

1. Die Muskeln der Gabel, der Schlüsselbeine, der Schulterblätter und des Achselbeins.

1) Der grosse Brustmuskel (Fig. 2. H) Ein ausserordentlich grosser und starker Muskel, der aber doch bey meinem Adler lange nicht so groß war wie bey den Hühnern, und die Stelle des Pectoralis maior vertritt. Er entsteht an dem hintern Rande und dem Kamme des Brustknochens, und endigt sich an der Gabel, dem Kopfe und der Erhabenheit des Achselbeins. b　　Er zieht den Arm an den Leib.

2) Der mittlere Brustmuskel, le pectoral moyen des Herrn Vicq = d'Azyr (Fig. 2. I) ist bey meinem Adler ausserordentlich klein. Er entspringt hier beynahe ganz am vordern Ende der Wurzel des Brustbeinkammes, und endigt sich zwischen der Gabel und den Schlüsselbeinen, und an der scharfen Erhabenheit und dem Kopfe des Achselbeins.　　Er zieht den Arm vorwärts.

3) Der kleine Brustmuskel (Fig. 2. K) entspringt an derselben Stelle mit dem vorigen, und endigte sich an den Schlüsselbeinen und dem Kopfe des Achselbeins mit einer starken aber schmahlen Flechse.　　Er zieht den Arm hinterwärts nach dem After zu, und zugleich

b Aber nicht, wie Herr Vicq = d'Azyr behauptet auch an den Rippen.

zugleich die Schlüsselbeine etwas herunter, und entspricht dem Pectoralis minor der Menschen.

4) Der Rückwärtszieher der Schlüsselbeine, c der Subclauius bey den Menschen. Er entspringt an dem vordern Rande des Brustbeins und endigt sich in der Mitte der hintern und äussern Seite der Schlüsselbeine, die er herunter zieht.

5) Der Zusammenzieher der Schlüsselbeine. Er entsteht an dem Brustbeine in der Mitte der Schlüsselbeine, und endigt sich an der ganzen innern Seite derselben. Die Muskeln beyder Schlüsselbeine vereinigen sich nahe bey ihrer Entstehung, und ziehn die Schlüsselbeine etwas zusammen.

6) Der vordere anziehende Armmuskel (Fig. 2. L). Er ist unter den Schlüsselbeinen an dem Rande des Brustbeines befestigt, und endigt sich an dem Kopfe des Achselbeins, welches er an die Brust zieht.

7) Der hintere anziehende Armmuskel (Fig. 2. M). Er entsteht an dem Dornfortsatze des zweyten Rückenwirbels, und endigt sich an der innern Seite des Achselbeins. Er zieht den Arm an den Leib.

8) Der Rückwärtszieher des Arms (Fig. 3. N). Er entsteht an dem letzten Rückenwirbel, und endigt sich etwas unter dem Kopfe an der innern Seite des Achselbeins. Er zieht den Arm einwärts an den Leib, und kommt so ziemlich mit dem Latissimus dorsi bey den Menschen überein.

9) Der

---

c Le Souclavier externe? Vicq- d'Azyr *Ime. Mem.* p. 927.

9) Der Aufzieher des Schulterblattes. d (Fig. 3. O). Er entsteht an allen Rückenwirbeln, und endigt sich an dem obern Rande des Schulterblattes, welches er in die Höhe zieht. Er ist darinn vom Trapezius der Menschen verschieden, daß er ganz allein an den Rückenwirbeln entsteht.

10) Der Rückwärtszieher des Schulterblattes. (Fig. 3. P). Er entsteht an den letzten Rippen, und endigt sich an der innern Seite des Schulterblattes. Er zieht das Schulterblatt etwas herunter und rückwärts, und entspricht dem Serratus maior.

11) Der Anzieher des Schulterblatts entsteht an den Seitenfortsätzen des zweyten, dritten und vierten Rückenwirbels und endigt sich an der innern Seite an dem obern Rande des Schulterblattes, welches er an den Leib, und zugleich etwas in die Höhe zieht.

12) Der Herunterzieher des Schulterblatts entsteht an den Fortsätzen der vierten Rippe, und endigt sich an dem Kopfe des Schulterblattes. Er zieht das Schulterblatt etwas herunter und rückwärts.

13) Der Schulterblattmuskel (Fig. 2 und 3. Q). Er entsteht an dem obern und untern Rande, und der äussern Fläche des Schulterblatts und endigt sich an dem Kopfe des Achselbeins. Er zieht den Arm an.

14) Der Achselheber (Fig. 3. R). Er entsteht an der Vereinigung des Schulterblattes und des Schlüsselbeins, und endigt sich an der vordern Seite des Achselbeins in der Mitte derselben. Er vertritt die Stelle des dreyeckten Muskels (Deltoides) bey den Menschen, und hebt den Flügel in die Höhe.

2. Die

d Er scheint der Trapezoïde des Herrn Vicq = d'Azyr (Mem. I. p. 630.) zu seyn.

2. Die Muskeln des Vorderarms.

1) Der vordere Flügelspanner (Fig. 2. und 3. S). Er entsteht an dem Kopfe des Achselbeins und befestigt sich an dem Ellbogen. Er dehnt den Flügel aus, und entspricht dem Anconeus externus der Menschen.

2) Der hintere Flügelspanner (Fig. 2. und 3. F). Er entsteht an dem Kopfe des Schulterblattes, und stimmt sonst sehr mit dem vorigen überein, nur liegt er mehr hinterwärts. Er ist der Anconeus magnus der Menschen.

3) Der Zusammenleger der Flügel (Fig. 2 und 3. U) Er entsteht an dem untern Kopfe der Schlüsselbeine, und endigt sich an dem Strahl. Er zieht den Vorderarm an, und läßt sich leicht in zwey Muskeln zertheilen.

4) Der Anleger des Vorderarms (Fig. 3. V). Er entsteht etwas über dem untern Kopfe des Achselbeins, und endigt sich etwas unter der Mitte des Strahls. Er zieht den Flügel zusammen.

5) Der Anzieher des Arms (Fig. 2. W). Er entsteht an dem obern Kopfe des Achselbeins, und endigt sich längst der innern Seite des Ellbogenbeins. Er legt den Flügel zusammen.

6) Der Ausdehner des Arms (Fig. 2. X). Er entsteht an dem untern Kopfe des Achselbeins, und befestigt sich längst der vordern Seite des Ellbogenbeins. Er dehnt den Arm aus.

7) Der Regierer der Armfedern (Fig. 2. und 3. Y). Er ist ein theils fleischichter, theils flechsichter Muskel, der an dem untern Kopfe des Achselbeins entsteht. Der fleischichte Theil geht an

der innern Seite bis etwas über die Hälfte hinauf, von aussen, und an seinem Ende ist er ganz flechsicht, und giebt eine Menge kleiner Fäden (Fig. 2. *) ab, woran die Schwungfedern befestigt sind, und endigt sich an dem innern Vorhandsbeine.

3. Die Muskeln der Hand und der Finger.

1) Der langarmige Muskel (Fig. 2. u. 3. Z). Er entsteht als ein dünner aber ziemlich breiter fleischichter Muskel an dem Kopfe des Schlüsselbeins, e theilt sich hierauf in zwey lange flechsichte Arme, wovon sich der obere an dem Daumknochen, der untere an dem fleischichten Theile des hintern Handspanners endigt. Er erhebt durch diese Vereinigung unmittelbar den falschen Flügel, und mittelbar die ganze Hand.

2) Der hintere f äussere Handspanner (Fig. 2 und 3. a). Er entsteht an dem untern Kopfe des Achselbeins, und endigt sich an dem Daumfortsatze des Kopfes der Handbeine. Er hebt die Hand in die Höhe.

3) Der hintere innere Handspanner (Fig. 2. und 3. b). Er entsteht inwendig an dem Kopfe des Achselbeines, und befestigt sich auswendig an dem äussern Vorhandsknochen.

4) Der

e Herr Vicq = d'Azyr beschreibt im 2ten Mem. S. 568. diesen Muskel als zwey verschiedene Muskeln, wovon er den einen le grand extenseur de la membrane de l'aile und den andern le grand extenseur de la membrane interieure de l'aile nennt und sagt, daß der erste sich an der Spitze der Gabel, der zweyte an der innern Seite des Achselbeins befestige. Bey meinem Adler aber war dieses zuverlässig nicht, sondern er ist ein einzelner Muskel, der an dem Kopfe des Schulterblattes entsteht.

f Einen hintern Muskel nenne ich einen solchen, der sich in der Gegend des Strahls befindet (radialis) einen vordern hingegen, der in der Nähe des Ellbogenbeins ist (ulnaris).

4) **Der vordere Handanleger** (Fig. 2. c). Er entsteht an der ganzen innern Fläche des Ellbogenbeins, etwas unter dem Kopfe desselben, und endigt sich an dem obern Kopfe des Handbeins. Er zieht die Hand nach vorne und an den Leib.

5) **Der Anzieher der Hand** (Fig. 3. d). Er entsteht an dem untern Kopfe des Achselbeins, und endigt sich an dem obern Hand= knochen, etwas unter dem Kopfe. Er zieht die Flügel zusammen.

6) **Der Regierer der Handfedern** (Fig. 2. und 3. e). Er entsteht zwischen den Handbeinen, ist in der Mitte fleischig, an sei= nen Kanten aber flechsicht, und regiert die Schwungfedern der Hand auf dieselbe Weise, wie der Regierer der Armfedern.

7) **Der Anzieher des Fingers** (Fig. 3. f). Er entsteht an dem innern Vorhandsknochen, und endigt sich an der Spi= tze des zweyten Fingergliedes. Er zieht die Hand, und hauptsächlich den Finger an.

8) **Der Fingerspanner** (Fig. 2. und 3. g). Er entsteht an dem untern Kopfe des Achselbeins, läuft auswärts an dem untern Kopfe des Strahls und Ellbogenbeins unter verschiedenen Muskeln weg, geht so längst dem äussern Handknochen und Finger weg, und be= festigt sich an der Spitze des Fingers. Er dient zu Regierung der Schwungfedern der Finger, und streckt zu gleicher Zeit die Hand aus.

9) **Der kleine Daumausstrecker** (Fig. 3. h). Er entsteht an dem äussern Vorhandsbein, und endigt sich an der obern Fläche des Daums. Er zieht den Daum in die Höhe, und regiert zu= gleich die Federn desselben.

10) **Der grosse Daumanleger** (Fig. 3. i). Er entsteht an dem untern Kopfe des Achselbeins, und endigt sich an dem Kopfe des Daumes, den er anlegt.   U 3   11) Der

11) Der kleine Daumanleger (Fig. 2. und 3. k). Er entsteht an dem untern Handbeine, und endigt sich an der innern Seite des Daums: Er zieht den Daum an.

VI.

Die Beinmuskeln.

1. Die Muskeln des Schenkelbeins.

1) Der grosse Hüftmuskel (Fig. 3. l). Er entsteht an dem Rande der Heiligenbeinsbedeckung, und endigt sich an dem Muskelansatze des Schenkelbeins.

2) Der Schwanzhüftmuskel (Fig. 3. m). Er entsteht an der Bedeckung des Heiligenbeins und dem Hüftbeine, und endigt sich etwas unter dem Muskelansatze des Schenkelbeins. Diese beyden Muskeln verrichten gemeinschaftlich das Geschäft des Glutæus magnus bey dem Menschen, indem sie das Schenkelbein ausstrecken.

3) Der lange Lendenmuskel (Fig. 2. und 3. n) entsteht an dem halbmondförmigen Ausschnitte der Heiligenbeinsbedeckung, und endigt sich an dem Körper des Schenkelbeins, etwas über seinem untern Kopfe. Er zieht das Schenkelbein an den Leib.

4) Der kleine Lendenmuskel (Fig. 3. ö). Seine Entstehung und Nutzen ist wie bey dem vorigen, nur endigt er sich etwas unter dem obern Kopfe des Schenkelbeins.

5) Der pyramidenförmige Muskel (Fig. 3. p). Er entsteht an den Kanten des Darmbeins, und endigt sich etwas unter

dem

dem obern Kopfe des Schenkelbeins, welches er biegt. Er vertritt die Stelle des pyramidenförmigen Muskels (Musculus pyramidalis oder pyriformis) bey den Menschen.

6) Der kleine Hüftmuskel entsteht an den Kanten des Darmbeins, und endigt sich an dem obern Kopfe des Schenkelbeins, welches er etwas biegt. Er ist der Iliacus minor der Menschen.

2. Die Muskeln des Schienbeins.

1) Der ausstreckende Schienbeinmuskel (Fig. 2. und 3. q). Er entsteht an dem letzten Rückenwirbel und dem Anfange des Beckens, und endigt sich an dem obern Kopfe des Schienbeins, welches er ausstreckt.

2) Der innere grosse Muskel (Fig. 2. r). Er entsteht an der innern Seite des Schenkelbeins, und endigt sich an dem obern Kopfe des Schienbeins welches er ausstreckt. Er kommt mit dem Vastus internus der Menschen überein.

3) Der hintere grosse Muskel (Fig. 2. und 3. s). Er entsteht an der Bedeckung des Heiligenbeins, und endigt sich an dem obern Kopfe des Schienbeins, welches er biegt.

4) Der hintere Anzieher des Beins (Fig. 3. t). Er entsteht etwas unter dem obern Kopfe des Schulterbeins, und endigt sich etwas unter dem obern Kopfe des Schienbeins, an der hintern Fläche desselben. Er biegt das Schienbein.

5) Der zugespitzte Wadenbeinmuskel (Fig. 3. u). Er entsteht an der Verlängerung des Hüftbeins, und endigt sich an dem Fortsatze des Wadenbeins. Er zieht das Bein zusammen.

3. Die

3. Die Muskeln des Fersenbeins und der Zähen.

1) Der lange **Beinmuskel** (Fig. 2. und 3. w). Ein merkwürdiger Muskel, der halb fleischigt, halb flechsicht ist. Er entsteht etwas unter dem Kopfe des Schenkelbeins an der innern Seite, geht unter dem ausstreckenden Schienbeinmuskel durch, läuft alsdann durch die Oefnung, die das Wadenbein und Schienbein bilden, wird hierauf sehr dünn und flechsicht, und läuft in dieser Gestalt unter dem Fersenbeine weg, und befestigt sich an der Spitze der Zähen. Dieser Lauf macht, daß er bey der Biegung der Beine sehr stark angespannt wird, indem er angezogen zugleich mit der Biegung der Zähen, das Fersenbein ausstreckt. Wann nun beym Schlafe der Vögel ihr ganzes Gewicht auf die Beine ruht, so wird er eben dadurch so viel fester angezogen, und schließt mit der größten Gewalt die Klauen um die Aeste zusammen, und verhindert auf diese Weise das Fallen der Vögel.

2) Der innere **Beinmuskel** (Fig. 2. x) entsteht zur Seite am Kopfe des Schienbeins, und endigt sich hinten am Kopfe des Fersenbeins, welches er ausstreckt.

3) Der grosse **Wadenmuskel** (Fig. 2. und 3. y). Er entsteht hinten an dem obern Kopfe des Schienbeins, und endigt sich hinten an dem obern Kopfe des Fersenbeins, welches er ebenfalls ausstreckt. Er entspricht den Gemellis.

4) Der **Anzieher des Fusses** (Fig. 2. und 3. z). Er entsteht in der Gegend der Kniescheibe an dem Kopfe des Schienbeins, und endigt sich an der obern Fläche des Fusses etwas unter dem obern Kopfe des Fersenbeins, welches er biegt.

5) Der

5) Der Schienbeinmuskel (Fig. 2. α). Er entsteht oben an dem Kopfe des Schienbeins, und befestigt sich an der Oberfläche der Zäheglieder, die er ausstreckt.

6) Der zweyköpfige Muskel (Fig. 2 und 3 β). Er entsteht mit zwey flechsichten Enden am Kopfe des Schienbeins, und endigt sich mit einer starken Flechse an der untern Seite der Glieder der Zähen, die er zusammenzieht.

7) Der Zusammenzieher der Zähen (Fig. 3. γ). Er entsteht auswärts an dem untern Kopfe des Schenkelbeins, und endigt sich inwendig an der Spitze der Finger, die er zusammenzieht.

8) Der Fingerschliesser (Fig. 2. und 3. δ). Er entsteht an den obern Köpfen des Wadenbeins und Schienbeins, und befestigt sich unten an den letzten Fingergliedern. Sein Nutzen ist wie beym vorigen.

9) Der Anzieher des äussern Fingers (Fig. 3. ε). Er entsteht hinterwärts an dem Kopfe des Schienbeins, und endigt sich unten an der Spitze des äussern Fingers, den er zusammenzieht und zugleich hinausbewegt.

Die übrigen kleinern Muskeln der Finger sind bloß flechsicht, und entstehn an den Köpfen des Fersenbeins. Sie sind zu unbedeutend, als daß sie einer genauern Beschreibung bedürften.

VII.

Die Schwanzmuskeln.

1) Der grosse Schwanzheber (Fig. 3. ζ). Er entsteht hinten an der Heiligenbeinsbedeckung in der Mitte, und befestigt sich am eigentlichen Schwanzbeine. Er hebt den Schwanz in die Höhe.

2) Der

2) Der kleine Schwanzheber. (Fig. 3. η). Er entſteht an den Wurzeln der Dornfortſätze der Kukuksbeine, und endigt ſich an dem eigentlichen Schwanzbeine. Er hebt ebenfalls den Schwanz in die Höhe.

3) Der obere groſſe ausdehnende Schwanzmuſkel (Fig. 3. ϑ). Er entſteht hinten am Rande der Heiligenbeinsbedeckung, und endigt ſich an den äuſſern Schwungfedern, die er auseinander breitet, und zugleich in die Höhe hebt.

4) Der obere kleine ausdehnende Schwanzmuſkel (Fig. 3. ι). Er entſteht an den Kukuksbeinen und dem Schwanzbeine, und endigt ſich an den äuſſern Schwanzfedern, die er ausdehnt.

5) Der untere ausdehnende Schwanzmuſkel (Fig. 2. κ). Er entſteht an dem obern Rande des Hüftbeins und einem Theile der Schaambeine, und endigt ſich durch eine vereinigte Flechſe der Muſ-keln von beyden Seiten an die Schwanzfedern, die er auseinander breitet und zugleich niederzieht.

6) Die Niederzieher des Schwanzes (Fig. 2. λ). Er entſteht an der untern Flechſe der Kukuksbeine, und endigt ſich un-ten an dem eigentlichen Schwanzbeine, welches er niederzieht.

VIII.

Die Hautmuſkeln.

Die Hautmuſkeln (Fig. 3. μ) entſtehn an den Bruſtmuſkeln, und befeſtigen ſich an der Haut zu deren Bewegung ſie zu dienen ſchei-nen.

Die

Die Eingeweide.

Die Eingeweide waren schon zu sehr verfaulet, wie ich sie herausnahm, als daß eine genauere Untersuchung derselben möglich gewesen wäre.   Nur folgendes konnte ich bemerken.

Der Schlund war ausserordentlich weit, stark, und ließ sich bis zur Weite des Magens ausdehnen.

Das Herz war mittelmäßig groß.

Der Magen war dünne, häutig und sehr groß.   Die Gedärme waren sehr weit, aber nicht sehr lang.

Die Leber bestand aus zwey sehr grossen Lappen, in deren Mitte die Gallenblase hing, deren Grösse etwa wie die einer grossen Haselnuß war.

Die Nieren waren sehr groß, und bestanden aus zwey eyförmigen grossen Lappen und vier unregelmäßigen Vierecken.   Zwischen den eyförmigen Lappen lag der ziemlich grosse Eyerstock.

Brau=

Brauner Falke.

Der Braunfahle Geyer. Vultur pygargus. Vautour brunâ-
tre. Frisch Vög. Kl. 7. Abth. 3. Taf. 76.
Le Faucon brun. Falco fuscus. Briss. Orn. I. p. 331.
Le Faucon brun. Buff. hist. nat. des Ois. I. p. 262.
Der Braune Falk. Mart. Büff. Vög. II. S. 100
Der braune Falke. Buff. allgem. Hist. der Natur. IX Th.
II Band. S. 81.
Falco scuro, o bruno. Gerini Ornith. I. p. 68.

Frisch ist der einzige, der diesen Vogel bisher abgezeichnet
hat, und nachher ist er von keinem Ornithologen, wie es scheint,
gesehn worden; denn die Beschreibung des Herrn Brisson ist nach
der Frischischen Zeichnung gemacht, und das Urtheil des Herrn von
Büffon von diesem Falken gründet sich auch darauf. Dieses
scheint auch die Ursache zu seyn, warum keiner dieser beyden grossen
Naturforscher ihn für eine eigentliche Gattung gehalten, sonder je=
der einer andern Art untergeordnet haben. Brisson hält ihn für
eine Abänderung seines *Falco*. Büffon hingegen sieht ihn für eine
Verschiedenheit des Bushards an. Brissons Vergleichung
gefällt mir am wenigsten, denn wenn man auch, wie er es thut, von
den Farben die Kennzeichen hernimmt, so wird man leicht bey der
Vergleichung finden, daß beyde sehr stark von einander abweichen.
Herr von Büffon scheint mehr auf die Lebensart als die Gestalt
zu sehn, da er den Braunen Falken einen Bushart nennt, denn in
dieser bemerkt er selbst eine Abweichung in der Kürze des Schwanzes.
Von der Lebensart des braunen Falken ist uns aber noch viel zu wenig bekannt, als daß man sie völlig für übereinstimmend mit der des
Bushards halten könnte, und diese ist auch wirklich sehr, nach demjenigen, was Herr von Büffon vom Bushard erzählt, verschieden. Sehen wir ferner auf dem ganzen Körperbau, so wird man noch
mehr

mehr diese Verschiedenheit bemerken, und hierzu werden schon die Kennzeichen hinlänglich seyn, die ich oben von beyden angegeben habe.

Frisch bemerkt, daß der braune Falke sehr hoch fliege, und daß es daher schwer falle ihn zu schießen. Eben dieses habe ich verschiedne mahl bemerkt. Gewöhnlich sind sie weit höher in der Luft, als daß man sie mit einer Vogelflinte erreichen könnte. Sie schweben sehr lange auf einem Fleck fast unbeweglich. Gewöhnlich siehet man ein Paar beysammen, und nur im Sommer, ohne Zweifel während der Brutzeit, sieht man sie einzeln fliegen. Im Sommer scheinen sie mehr den Auffenthalt auf Bergen zu lieben, im Winter sieht man sie aber mehr an stehenden Wassern und Sümpfen, wo sie den wilden Enten auflauren, und besonders sind sie hier in der Gegend der Leine alsdann gar nicht selten. Ich habe gesehn das ein solcher brauner Falke einem Jäger, der eben auf eine Ente anlegte, über dem Haupte schwebte, und da diese auf der andern Seite der Leine fiel, plötzlich auf sie herabstürzte, und mit sich fortnahm, ehe dieser ihm seinen Raub wieder abnehmen konnte. Frisch ezehlt noch von ihm, daß er Tauben im Fliegen stoße.

Beschreibung

des braunen Falkens.

Taf. 7. das Männchen.

Der Schnabel ist kurz, gleich von Anfang an gekrümmt, ohne Zahn, mit einer kleinen Vertiefung nahe bey der Wachshaut und einem ziemlich starken Haken versehen. Die untere Kinnlade ist in

X 3 Ver-

Vergleichung mit andern Falken ziemlich groß. Beyde sind bey dem Männchen dunkel schwarz, bey dem Weibchen hingegen mehr bleyfarben.

Die Wachshaut ist sehr groß, nicht dick, und bey dem Männchen rein-gelb, bey dem Weibchen aber grünlich = gelb. Die Einfassung der Mundesöfnung fällt ins orangefarbne. Die Nasenlöcher sind groß, eyrund, und träufeln beständig.

Die Stelle zwischen der Wachshaut und den Augen ist mit kleinen weissen Federn bedeckt, über welche schwarze Borstenhaare liegen.

Die Augen sind ziemlich groß, und rund. Der Augapfel ist schwarz und der Regenbogen gelb. Die Augenbraunen ragen nicht sehr stark hervor, und das Auge ist oben mit einer nackten Blinkhaut, unten aber mit einem, mit kleinen Federn bedeckten Augenliede versehn.

Der Kopf ist ziemlich groß, die Stirn ist fast dreyeckt und mit kleinen spitzen braunen Federn bedeckt, die bey dem Männchen, aber nicht bey dem Weibchen eine hellere Einfassung haben. An den Backen ist diese Einfassung noch breiter und ganz weiß, verliert sich aber allmählich nach dem Halse zu und wird hellbraun. Nach untenzu dicht hinter dem untern Kiefer liegen ganz kurze weisse Pflaumfedern, die sich allmählich in spitze Federn verlieren, die grösser sind, wie diejenigen, die die Glatze bedecken, in der Mitte und an der Spitze braun, an ihren Rändern und der Wurzel aber weiß sind. Der braunfahle Geyer des Herrn Frisch weicht also darin von meinen Exemplaren ab, daß sein Hals unten ganz weiß ist: Eine Verschiedenheit, die vermuthlich vom Alter herrührt.

Der Hals ist sehr kurz und stark, oben von der Farbe des Rückens, unten aber wie die Brust mit hellbraunen Federn bedeckt, die eine gelblicht-weisse Einfassung haben.

Der

Der Körper ist lang, gestreckt und stark. Die Federn sind sehr groß. Der Rücken und die obern Deckfedern der Flügel sind kastanienbraun mit hellerer Einfassung, bey dem Weibchen aber sind alle Farben weniger dunkel wie bey dem Männchen. Der Bauch ist weiß mit seltnen unregelmäßigen braunen Flecken, die bey dem Weibchen häufiger und regelmäßiger sind. Die untern Deckfedern des Schwanzes sind ganz weiß, die obern hingegen weißlich-gelb mit braunen Bändern.

Von den vier und zwanzig Schwungfedern, die nicht völlig das Ende des Schwanzes erreichen, sind die ersten sechse oben spitz und weit länger wie die andern: die vierte ist die längste von allen, die sechste nimt auf einmahl sehr stark ab, und die siebende ist nicht viel länger wie die folgenden siebenzehn, die alle weit kürzer und zugerundet sind. Die sechs ersten sind schwarz, die übrigen achtzehn aber schwarzbraun, und werden immer heller, je mehr sie sich von den erstern entfernen: alle aber sind an ihrer Spitze mit einem weißlichen Rande eingefaßt.

Die Beine sind sehr lang und stark. Die Schenkel sind lang, und ihre Hosen ragen etwa einen halben Zoll weit über die Fersen herüber. Sie sind mit weissen Federn bedeckt, die ins Gelbe fallen, und eine hellbraune Spuhle und ähnliche Bänder haben, die nach der Mitte zu breiter werden, und sich in einander verlieren. Die Füsse sind lang, stark und nackt, oben und unten mit Schildern bedeckt, an den Seiten aber, der Ferse und der Wurzel der Zähen geschuppt. Die Zähen sind kurz und unten mit einer harten höckrigen Haut überzogen. Beyde sind dunkelgelb. Die Nägel sind lang, sehr spitz und schwarz.

Die zwölf Schwanzfedern sind mittelmäßig lang, und bilden, da die äussern kürzer wie die mittlern sind, einen runden Schwanz. Sonderbar ist es, daß bey dem Männchen, welches ich vor mir habe, die beyden mittleren Schwanzfedern um den vierten Theil kürzer sind wie die übrigen. Sollte dieser Falke sie aber nicht durch einen Zufall verlohren haben, und sie noch nicht völlig wieder hergestellt seyn? Ihre ganze Structur, so weit sie sich an dem ausgestopften Exem-

plar

plare untersuchen liessen, macht es mir wahrscheinlich, besonders da sie an dem Weibchen die gehörige Länge haben. Die Farbe der Schwanzfedern ist dunkelgelb, das bey den beyden mittlern ins braunrothe fällt, mit schwarzen Bändern.

Maaße.

	′	″	‴	⁗
Länge von der Spitze des Schnabels bis zur Spitze des Schwanzes bey dem Weibchen —	1.	8.	0.	0.
Länge des Männchens —	1.	6.	0.	0.
Entfernung der Spitzen der ausgebreiteten Flügel —	3.	6.	0.	0.
Kopf lang —	0.	2.	9.	0.
Von der Spitze des Schnabels bis zur Mundesöfnung —	0.	1.	5.	0.
— — bis zur Wachshaut —	0.	0.	11.	8.
— — bis zur Stirn in grader Linie	0.	1.	2.	5.*
— — nach der Krümmung	0.	1.	5.	0.
Vom Unterkiefer bis zur Mundesöfnung —	0.	1.	4.	0.
Länge der Wachshaut —	0.	0.	6.	2.
Nasenlöcher lang —	0.	0.	1.	6.
— breit —	0.	0.	1.	0.
Länge der Augen —	0.	0.	5.	6.
Oefnung derselben —	0.	0.	5.	2.
Länge des Halses —	0.	0.	10.	0.
— der zusammengelegten Flügel —	1.	2.	4.	0.
— der Schenkel —	0.	4.	5.	0.
— des Fusses bis zur Spitze der mittelsten Zähe —	0.	4.	9.	0.
— bis zur Wurzel der Zähe	0.	3.	3.	0.
— der mittelsten Zähe	0.	1.	4.	0.
Nagel	0.	0.	8.	0.
— der äussern Zähe	0.	0.	10.	6.
Nagel	0.	0.	7.	0.
— der innern Zähe	0.	0.	11.	4.
Nagel	0.	0.	10.	0.
— der hintersten Zähe	0.	0.	9.	0.
Nagel	0.	0.	11.	0.
Länge der mittlern Schwanzfedern	0.	7.	11.	0.
— der äussern Schwanzfedern	0.	7.	4.	0.

Stück

Sack-Egel.

Die Naturgeschichte der Würmer, besonders der nackten, ist ein Studium, das erst seit kurzer Zeit in Aufnahme gekommen ist. Die Schriften eines Müllers, Pallas, Schäffers, Bohadsch und andrer haben uns eine Menge unbekannter Würmer kennen gelehrt; ihre Untersuchungen erstrecken sich aber nur hauptsächlich auf die im Wasser lebenden, und diejenigen, die sich in den Eingeweiden der Thiere aufhalten, sind noch größtentheils verabsäumt. Linné, Müller, Phelsum, Pallas, Schäfer, Leske, Murray haben zwar verschiedne neue Arten solcher Würmer entdeckt, oder die alten genauer untersucht und bestimmt, diese sind aber, diejenigen die Müller in Fischen fand ausgenommen, größtentheils nur solche, die bey den Menschen gefunden werden, oder solche, die Krankheiten von Hausthieren erregen: Sonst hat man sich noch wenig um diejenigen Würmer bekümmert, die in den Thieren leben, und ihre Geschichte ist daher größtentheils unbekannt. Ein gleiches Schicksal hat der von mir zu beschreibende Wurm gehabt, den ich in der Leber verschiedener Mäuse fand, und von dem es um so weniger zu vermuthen war, daß er ununtersucht bleiben würde, da schon d'Aubenton seiner bey der Zergliedrung der Maus Erwähnung thut, und ihn hat abzeichnen lassen. Ich will diese Stelle hier abschreiben, um meinen Lesern das Nachschlagen zu ersparen: „J'ai trouvé des *vers „solitaires*, sagt er im 7ten Bande der *hist. nat.* Seite 315., dans le foie des „plusieurs souris; ils etoient enveloppés dans un kiste (A. fig. 3.) incrusté en „partie dans la substance du foie, le kiste étant détaché & ouvert, on en tiroit „le vers pelotonné: celui qui est developpé & représenté fig. 4. tenoit à la „partie droite du lobe antérieur, précisément à l'endroit, où est la vésicule du „fiel des animaux, qui ont cette partie; il avoit quatre pouces & demi de lon„gueur. Un autre vers solitaire adhéroit au lobe postérieur du côté gauche d'une „autre souris, de sorte que son kiste étoit placé à côté du rein droit. J'ai ou„vert douze autres souris dans un même jour à la fin du Juin; Deux de ce „nombre avoient chacune un vers solitaire dans différens lobes du foie; j'ai „trouvé plusieurs des ces vers renfermés & pelotonnés dans le canal hépatique

Y   „B.

„(B. fig. 3.)„ Dieses ist die Beschreibung des Herrn d'Aubenton,
die ihrer Richtigkeit ungeachtet, doch so unvollständig ist, daß man
unmöglich darnach bestimmen kan, was für eine Gattung von Wür=
mern dieser sey.   Ueberdem sind die Zeichnungen so unrichtig, daß
sie noch weniger einen richtigen Begrif davon geben.   Die Würmer,
die Herr d'Aubenton fand, waren alle ausserordentlich lang,
und viel länger als alle diejenigen, die ich bey einer grössern Anzahl
von Mäusen, worin ich sie antraf, zu entdecken Gelegenheit hatte.

		In Vergleichung dieser Würmer mit den andern bisher bekan=
ten, kommen sie den Egeln (Fasciolis) am nächsten, und scheinen
auch zu diesem Geschlechte zu gehören.   Verschiedene Ursachen wür=
den mich zwar bewogen haben, sie von diesem Geschlechte zu trennen,
denn 1) fehlt ihnen die Bauchöffnung (Porus ventralis) 2) schien
auch ihre gekrümmte Lage in einem Sacke, und 3) der strahlichte
Kranz kleiner Fasern, der das Maul umgiebt, hinlängliche Unter=
scheidungskennzeichen dieser Thiere von den Egeln zu seyn.   Da aber
nach des Herrn Staatsraths Müllers Zeugnisse die Bauchöff=
nung mehrern der Egel fehlt, da der Sack ein Theil der Leberhaut,
die durch diesen Wurm erweitert ist, zu seyn scheint, und da auch eine
ähnliche Einfassung des Mauls bey andern Egeln statt findet, so glaube
ich, daß man ihn als eine Gattung derselben ansehen könne.

		Ich fand diese Würmer bey sehr vielen Mäusen, doch mitten
im Sommer am häufigsten,   Der Ort, die Einwicklung, die Lage in
der Leber waren sehr verschieden, bey allen aber waren sie an den
Lappen der Leber, und nur bey Einer an dem Lebergange befestigt. Der
Sack worin diese Thierchen liegen, ist eine zimlich dicke Haut, deren
Grösse sich nach der Grösse des Wurms richtet.   Ihre Farbe ist aus=
wendig dunkler oder heller ockergelb, bey einigen aber, die in den
Leberlappen selbst lagen war sie schnee weiß; inwendig ist sie grau=
weiß.   Die Art und Weise, wie diese Säcke in der Leber befestigt
sind, ist sehr verschieden.   Bey einigen (Taf. 1. Fig. 3.) bildet der
							Sack

Sack eine Verlängrung, die ihm zum Bande dient, woran er auf=
gehangen ist, und so hängt er ganz frey, mit der Spitze dieser Ver=
längerung an der Leber befestigt, mitten zwischen ihren Lappen. Ein
andrer (Taf. 2. Fig. 3. a) war an dem rechten Lappen der Leber selbst
befestigt, ohne daß man ein Band wahrnahm, das ihn von der Mas=
se derselben trennte, und seine Haut schien bloß eine Verlängerung
der Haut zu seyn, welche die Leber umgiebt. Andre endlich (Taf.
1. Fig. 4.) lagen mitten in irgend einem Lappen selbst, so daß sie sich
entweder auf der einen oder auf der andern Seite desselben durch die
weisse Farbe der Haut zu erkennen gaben. Diese waren immer weit
kleiner, wie diejenigen, die in einem freyhangenden Sacke einge=
schlossen waren. Sollte nicht das Thierchen selbst, so wie es wächst,
die Haut erweitern, und sich durch ein beständiges Bestreben, ausser
der Masse der Leber zu liegen, diesen Sack bilden? Inwendig er=
blickte ich in diesem Sacke eine weisse körnige Feuchtigkeit, die der
Milch im Anfange des Gerinnens ähnlich war.

Der Wurm liegt allezeit in einer ganz in einander geschlunge=
nen Lage, so daß er einen starken Knoten vorstellt. (Taf. 1. Fig. 6.
a. b) Der Kopf steckt allezeit heraus (a) der Schwanz aber ist ver=
borgen.

Die Nahrung des Thieres, das bloß zum Saugen geschickt zu
seyn scheinet, besteht ohne Zweifel in der Galle, die in der Leber zu=
bereitet wird; denn bey allen den Mäusen, die einen solchen Wurm
hatten, entdeckte ich nicht die geringste Spur von einer gallenähnli=
chen Feuchtigkeit.

Die Entstehung dieser Würmer, und die Art und Weise, wie
sie nach der Leber kommen, besonders da man in jeder Maus nur
Einen Wurm findet, ist ohne Zweifel unerklärbar.

Be=

Beſchreibung
des Sack = Egels.

Tafel 1. Fig. 3 bis 7.

Der Leib iſt platt, länglich, ziemlich breit, und mit Ringen oder vielmehr ſchwachen Einſchnitten umgeben. Die Seiten ſind rundlich = ſcharf. Er endigt ſich in eine ſtumpfe Spitze am Schwanze, nach dem Munde zu aber wird er al'mählig breiter, und endigt ſich vorne in einer halbmonförmigen Spitze. Wenn man den Wurm eben aus einander genommen hat, ſo iſt die Breite des Leibes durch ſeine geſchlungene Lage unförmlich, wenn man ihn aber alsdann einige Augenblicke in warmes oder kaltes Waſſer legt, ſo bekommt er ſeine wahre Geſtalt.

Das Maul iſt rund, liegt etwas unterwärts, und ziemlich tief und iſt mit einem erhabnen Ringe umgeben. Dieſen Ring umgiebt eine Krone von lauter kleinen kegelförmigen Fäſerchen, deren Spitze dem Ringe zugekehrt iſt.

Die Farbe iſt gelblich = weiß, zuweilen dunkler, zuweilen heller, aber ſtets heller wie der Sack. Die kleinen, die in der Leber ſelbſt liegen ſind rein = weiß. Das Maul hat eine ſchmutzig = helbraune Farbe, wie auch der erhabne Ring, die Strahlen aber ſind ſchnee weiß.

			''	'''	''''
Länge (des gröſſeſten, den ich fand)	—	—	1.	0.	0.
Gröſte Breite gegen das Maul zu	—	—	0.	2.	0.
Breite in der Mitte	—	—	0.	1.	5.
Gröſte Dicke	—	—	0.	0.	4.

Druckfehler.

Seite 14 Zeile 7 Einhörnern leſe man Eichhörnern.
— 65 — 30 Hüftbeins — — Darmbeins.
— 70 — 1 Fig. 2. — — Fig. 3.
— 116 — 24 nach Menſchen ſetze man abweicht.